赤シートで
ラクラク覚える!

赤シート対応
完全合格!
原付免許
1200問
実戦問題集

〔別冊〕
超重要
交通ルール
暗記BOOK

試験に出る
要チェックルール ……… 別冊P1

試験に出る
要チェック道路標識・標示 ……… 別冊P17

JN027066

別冊 ➡ 矢印の方向に引くと取り外せます

成美堂出版

運転免許の種類

運転免許の区分

第一種運転免許	自動車や原動機付自転車を運転するときに必要な免許。
第二種運転免許	バスやタクシーなどの旅客自動車を営業運転するとき（回送運転は第一種でOK）や、代行運転自動車を運転するときに必要な免許。
仮運転免許	第一種運転免許を取得しようとする人が、運転練習などのために大型・中型・準中型・普通自動車を運転するときに必要な免許。

第一種運転免許の種類と運転できる車

車の種類\免許の種類	大型自動車	中型自動車	準中型自動車	普通自動車	大型特殊自動車	大型自動二輪車	普通自動二輪車	小型特殊自動車	原動機付自転車
大型免許	●	●	●	●				●	●
中型免許		●	●	●				●	●
準中型免許			●	●				●	●
普通免許				●				●	●
大型特殊免許					●			●	●
大型二輪免許						●	●	●	●
普通二輪免許							●	●	●
小型特殊免許								●	
原付免許									●
けん引免許	大型・中型・準中型・普通・大型特殊自動車のけん引自動車で、車両総重量が 750kg を超える車（重被けん引車）をけん引する場合に必要な免許。								

総重量・積載量・定員・排気量による区分

四輪車の区分

二輪車の区分

総排気量

信号機の種類と意味

灯火信号（青・黄・赤）

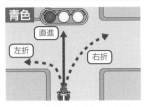

青色

直進
左折
右折

車は、直進、左折、右折することができる（軽車両は直進と左折のみ）。

例外 軽車両、二段階右折する原動機付自転車は、自動車と同じ方法で右折できない。

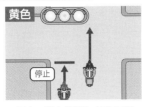

黄色

停止

車は、停止位置から先に進めない。

例外 停止位置で安全に停止できないようなときは、そのまま進める。

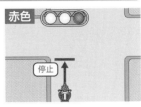

赤色

停止

車は、停止位置を越えて進めない。

矢印信号（青・黄）

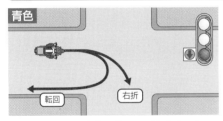

青色

転回
右折

車は、矢印の方向に進める（右向きの矢印の場合は、転回もできる）。

例外 右向きの矢印の場合、軽車両、二段階右折する原動機付自転車は進めない。

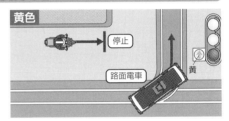

黄色

停止
路面電車
黄

路面電車だけ矢印の方向に進め、車は進めない。

点滅信号（黄・赤）

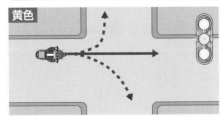

黄色

車は、安全を確認したあとに進める。

⚠ 必ずしも一時停止しなくてもよい。

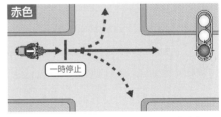

赤色

一時停止

車は、停止位置で一時停止して、安全を確認したあとに進める。

警察官などによる信号の意味

「警察官など」とは、警察官と交通巡視員のこと

手信号

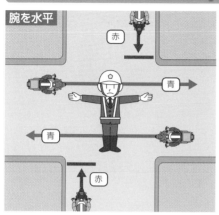

腕を水平

警察官などの身体の正面に対面（背面）する交通は、赤色の灯火信号と同じ意味、身体の正面に平行する交通は、青色の灯火信号と同じ意味。

⚠ 身体の方向を変えないで腕を下ろしているときも同じ。

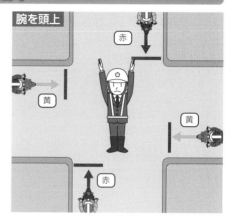

腕を頭上

警察官などの身体の正面に対面（背面）する交通は、赤色の灯火信号と同じ意味、身体の正面に平行する交通は、黄色の灯火信号と同じ意味。

⚠ 腕を垂直に上げるまでと、水平に戻すまでの間も同じ。

灯火による信号

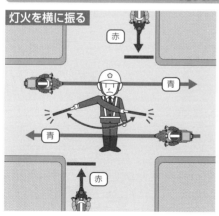

灯火を横に振る

警察官などの身体の正面に対面（背面）する交通は、赤色の灯火信号と同じ意味、身体の正面に平行する交通は、青色の灯火信号と同じ意味。

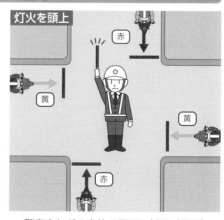

灯火を頭上

警察官などの身体の正面に対面（背面）する交通は、赤色の灯火信号と同じ意味、身体の正面に平行する交通は、黄色の灯火信号と同じ意味。

乗車と積載の制限

原動機付自転車の乗車定員

運転者のみ 1 名。

例外なく、二人乗りをしてはいけない。

原動機付自転車の積載制限

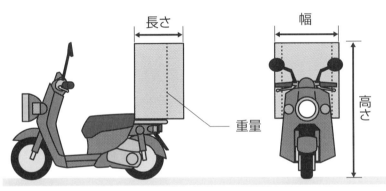

長さ　幅　高さ　重量

長さ：積載装置の長さ＋ 0.3 メートル以下　　**幅**：積載装置の幅＋左右 0.15 メートル以下

重量：30 キログラム以下　　**高さ**：地上から 2.0 メートル以下

荷物の積み方

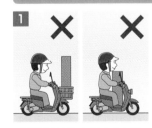

1 ✕ ✕

運転の妨げになるような積み方をしてはいけない。

2 ✕

方向指示器や制動灯などが見えなくなるような積み方をしてはいけない。

3 ロープなどでしっかり固定

荷物はロープなどでしっかり固定する。

車の通行場所・通行禁止場所

左側通行の原則と例外

●左側通行の例外（右側部分にはみ出して通行できるとき）

⚠ 車は、道路の左側を通行するのが原則。

1 一方通行の道路。

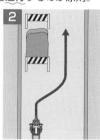

2 工事などで左側部分だけで通行するのに十分な幅がないとき。

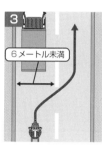

6メートル未満

3 左側の幅が6メートル未満の見通しのよい道路で、他の車を追い越そうとするとき（禁止されている場合を除く）。

右側通行の標示

4「右側通行」の標示がある場所。

車が通行してはいけないところ

●標識で通行が禁止されている場所

通行止め

車両通行止め

●標示で通行が禁止されている場所

黄　軌道　安全地帯

黄　立入り禁止部分

●歩道や路側帯（一部、軽車両を除く）

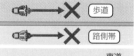

歩道

路側帯

車道

例外 横切るときは通行できる。その場合は、その直前で一時停止して歩行者の通行を妨げてはいけない。

●歩行者用道路

許可証

徐行

例外 沿道に車庫があるなどを理由に、とくに通行を認められた車は、徐行して通行できる。

●軌道敷内

例外 右左折で横切るとき、「軌道敷内通行可」の標識があるとき（自動車のみ）などでは通行できる。

法定速度と規制速度

法定速度

標識や標示で最高速度が指定されていない道路での最高速度。

自動車	時速 **60** キロメートル

原動機付自転車	時速 **30** キロメートル

けん引時の法定速度

原動機付自転車でリヤカーをけん引する場合	時速 **25** キロメートル

規制速度

標識や標示で最高速度が指定されている道路での最高速度。

●「最高速度 50 キロ」の標識

最高速度は
自動車
　➡時速 50 キロメートル
原動機付自転車は
　➡時速 30 キロメートル

●「最高速度 40 キロ」の標示

最高速度は
自動車
　➡時速 40 キロメートル
原動機付自転車は
　➡時速 30 キロメートル

●「最高速度 20 キロ（原動機付自転車）」の標識

原動機付自転車の最高速度が、時速 20 キロメートルであることを表す。

徐行の意味と徐行場所

徐行の速度

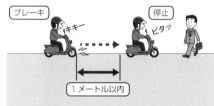

徐行とは、車がすぐに停止できるような速度で進行すること。

ブレーキをかけてから1メートル以内で止まれるような速度で、時速10キロメートル以下の速度が目安。

徐行しなければならない場所

「徐行」の標識がある場所。

左右の見通しがきかない交差点。

例外 交通整理が行われている場合や、優先道路を通行している場合。

道路の曲がり角付近。

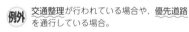

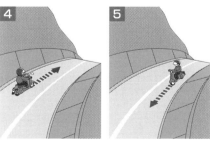

上り坂の頂上付近と、こう配の急な下り坂。

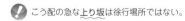

こう配の急な上り坂は徐行場所ではない。

合図の時期と方法

合図を行う時期と方法

合図を行う場合	合図を行う時期	合図の方法
左折するとき（環状交差点内を除く）	左折しようとする（または交差点から）30メートル手前の地点	左側の方向指示器を操作するか、右腕を車の外に出してひじを垂直に上に曲げるか、左腕を水平に伸ばす。
環状交差点を出るとき（入るときは合図を行わない）	出ようとする地点の直前の出口の側方を通過したとき（環状交差点に入った直後の出口を出る場合は、その環状交差点に入ったとき）	伸ばす　曲げる
左に進路変更するとき	進路を変えようとする約3秒前	
右折、転回するとき（環状交差点内を除く）	右折、転回しようとする（または交差点から）30メートル手前の地点	右側の方向指示器を操作するか、右腕を車の外に出して水平に伸ばすか、左腕のひじを垂直に上に曲げる。
右に進路変更するとき	進路を変えようとする約3秒前	曲げる　伸ばす
徐行、停止するとき	徐行または停止しようとするとき	制動灯をつけるか、腕を車の外に出して斜め下に伸ばす。斜め下　斜め下
四輪車が後退するとき	後退しようとするとき	後退灯をつけるか、腕を車の外に出して斜め下に伸ばし、手のひらを後ろに向けて腕を前後に動かす。斜め下

⚠ 夕日の反射などで方向指示器が見えにくい場合は、方向指示器の操作と併せて、手による合図も行う。

交差点の通行方法

左折の方法

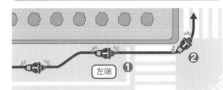

❶あらかじめ、できるだけ道路の左端に寄る。

❷交差点の側端に沿い、徐行しながら左折する。

右折の方法

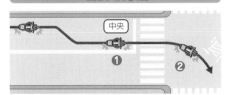

❶あらかじめ、できるだけ道路の中央（一方通行路では右端）に寄る。

❷交差点の中心のすぐ内側（一方通行路では内側）を徐行しながら右折する。

原動機付自転車の二段階右折の方法

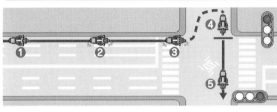

●二段階右折するとき

1 交通整理が行われている、片側3車線以上の道路の交差点

2 「原動機付自転車の右折方法（二段階）」の標識（右）がある道路の交差点

❶あらかじめ、できるだけ道路の左端に寄る。

❷交差点の 30 メートル手前の地点で右折の合図をする。

❸❹青信号で徐行しながら交差点の向こう側までまっすぐに進み、この地点で止まって右に向きを変え、合図をやめる。

❺前方の信号が青になってから進む。

交通整理が行われていない交差点の通行方法

●優先道路が指定されている場合

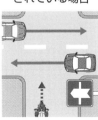

優先道路を通行している車や路面電車の進行を妨げない。

●道幅が異なる場合

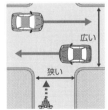

幅が広い道路を通行している車や路面電車の進行を妨げない。

●道幅が同じような場合

左方から進行してくる車の進行を妨げない。

左右どちらから来ても、路面電車の進行を妨げない。

追い越しの意味と禁止されている場合

追い越しと追い抜きの違い

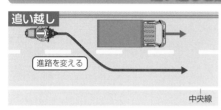

追い越し

進路を変える

中央線

車が進路を変えて、進行中の前車の前方に出ること。

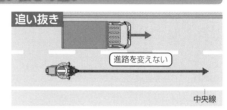

追い抜き

進路を変えない

中央線

車が進路を変えずに、進行中の前車の前方に出ること。

追い越しが禁止されている場合

1 自動車

前車が自動車を追い越そうとしているとき（二重追い越し）。

❗ 原動機付自転車を追い越そうとしている前車を追い越す行為は、二重追い越しにはならない。

2

前車が右折などのため右側に進路を変えようとしているとき。

3

道路の右側部分に入って追い越しをする場合、反対方向からの車や路面電車の進行を妨げるようなとき。

4

前車の進行を妨げなければ、道路の左側部分に戻ることができないようなとき。

5 追い越し

後車が自車を追い越そうとしているとき。

追い越しが禁止されている場所

追い越し禁止場所

「追越し禁止」の標識がある場所。

 自転車などの軽車両は、禁止場所でも追い越すことができる。

●間違いやすい標識

追越し禁止

道路の右側部分にはみ出す、はみ出さないにかかわらず、追い越しは禁止。

追越しのための右側部分はみ出し通行禁止

道路の右側部分にはみ出しての追い越しが禁止。

道路の曲がり角付近。

上り坂の頂上付近。

こう配の急な下り坂。

車両通行帯がないトンネル。

交差点と、その手前から30メートル以内の場所。

例外 優先道路を通行している場合。

踏切と、その手前から30メートル以内の場所。

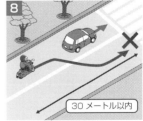

横断歩道や自転車横断帯と、その手前から30メートル以内の場所（追い抜きも禁止）。

駐車の意味と駐車禁止場所

「駐車」と「停車」の違い

駐車	停車
●車が継続的に停止すること（客待ち、荷待ちを含む）。 ●車から離れていてすぐに運転できない状態で停止すること。	●駐車に当たらない短時間の車の停止（5分以内の荷物の積みおろしを含む）。 ●車から離れず、すぐに運転できる状態で停止すること。

駐車禁止場所

黄　×

「駐車禁止」の標識・標示がある場所。

1メートル以内

火災報知機から1メートル以内の場所。

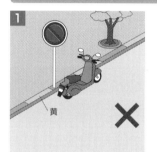

3メートル以内

駐車場、車庫などの自動車用の出入口から3メートル以内の場所。

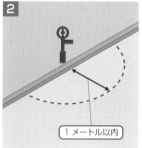

5メートル以内

道路工事の区域の端から5メートル以内の場所。

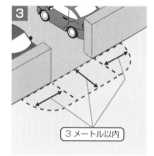

5メートル以内

消防用機械器具の置場、消防用防火水槽、これらの道路に接する出入口から5メートル以内の場所。

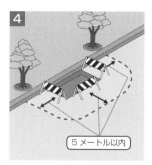

5メートル以内

消火栓、指定消防水利の標識がある位置、消防用防火水槽の取入口から5メートル以内の場所。

駐車と停車が禁止されている場所

駐停車禁止場所

⚠️ 法令の規定により一時停止する場合などは、禁止場所でも停止できる。

「駐停車禁止」の標識や標示がある場所。

軌道敷内。

坂の頂上付近、こう配の急な坂。

トンネル。

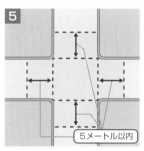

交差点と、その端から5メートル以内の場所。

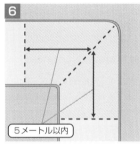

道路の曲がり角から5メートル以内の場所。

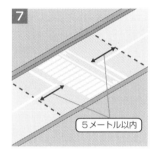

横断歩道や自転車横断帯と、その端から前後5メートル以内の場所。

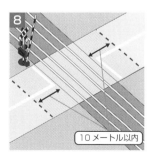

踏切と、その端から前後10メートル以内の場所。

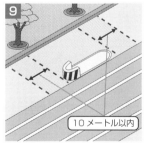

安全地帯の左側と、その前後10メートル以内の場所。

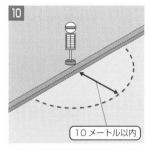

バス、路面電車の停留所の標示板（標示柱）から10メートル以内の場所（運行時間中のみ）。

駐停車の方法

無余地駐車の禁止

3.5 メートル未満

駐車余地6m

6メートル未満

車の右側の道路上に **3.5 メートル以上**の余地がなくなる場所では、駐車してはいけない。

標識で余地の指定がある場合は、それ以上の**余地**をあけて駐車する。

余地がなくても駐車できるとき

1

2

荷物の積みおろしを行う場合で、運転者がすぐに運転できるとき。

傷病者を救護するため、やむを得ないとき。

駐停車の方法

道路の左側

歩道や路側帯がない道路では、**道路の左端**に沿う。

歩道

車道の左側

歩道がある道路では、**車道の左端**に沿う。

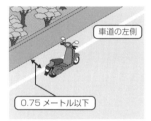

車道の左側

0.75 メートル以下

幅が 0.75 メートル以下の路側帯がある道路では、**車道の左端**に沿う。

0.75 メートル以上

中に入る

0.75 メートルを超える

白線1本で幅が 0.75 メートルを超える路側帯がある道路では、**中に入り**、車の左側に 0.75 メートル以上の余地を残す。

車道の左側

白線の破線と実線（**駐停車禁止路側帯**）の路側帯がある道路では、**中に入らず**、**車道の左端**に沿って駐停車する。

車道の左側

白線2本（**歩行者用路側帯**）の路側帯がある道路では、**中に入らず**、**車道の左端**に沿って駐停車する。

正しい服装と乗車姿勢

正しい服装

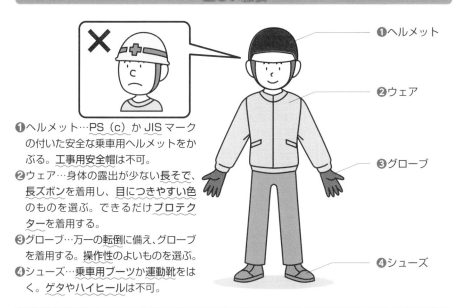

❶ヘルメット…PS (c) か JIS マークの付いた安全な乗車用ヘルメットをかぶる。工事用安全帽は不可。

❷ウェア…身体の露出が少ない長そでで、長ズボンを着用し、目につきやすい色のものを選ぶ。できるだけプロテクターを着用する。

❸グローブ…万一の転倒に備え、グローブを着用する。操作性のよいものを選ぶ。

❹シューズ…乗車用ブーツか運動靴をはく。ゲタやハイヒールは不可。

正しい乗車姿勢

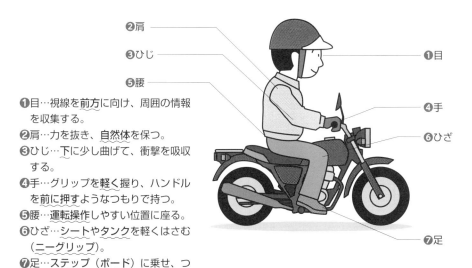

❶目…視線を前方に向け、周囲の情報を収集する。

❷肩…力を抜き、自然体を保つ。

❸ひじ…下に少し曲げて、衝撃を吸収する。

❹手…グリップを軽く握り、ハンドルを前に押すようなつもりで持つ。

❺腰…運転操作しやすい位置に座る。

❻ひざ…シートやタンクを軽くはさむ（ニーグリップ）。

❼足…ステップ（ボード）に乗せ、つま先を前方に向ける。

原動機付自転車の選び方と点検

原動機付自転車の選び方

自分の体格に合った車種を選ぶ（①～③のもの）。いきなり大型車に乗るのは危険。

① 平地でセンタースタンドを立てることが楽にできるもの。

② 乗車してまたがったとき、両足のつま先が地面に届くもの。

③ "8の字型" に押して歩くことが楽にできるもの。

原動機付自転車の点検内容

● ブレーキ

あそびや効きは十分か。

● 車輪

ガタやゆがみはないか。

● タイヤ

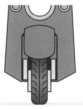

空気圧は適正か。

● チェーン

ゆるみすぎていたり、張りすぎていないか（チェーンの中央部を指で押して調べる）。注油も必要。

● ハンドル

重くないか。ワイヤーが引っかかっていないか。ガタはないか。

● 灯火

すべて正常に働くか（前照灯、方向指示器、尾灯、ナンバー灯などを点検する）。

● バックミラー

よく調整されているか。

● マフラー

完全に取り付けられているか。破損していないか。

道路標識・標示 厳選 104

標識 は **5**種類

本標識	❶ 規制標識	特定の交通方法を禁止したり、特定の方法に従って通行するように指定したりするもの	⊗は○より規制の意味が強い
	❷ 指示標識	特定の交通方法ができることや、道路交通上決められた場所などを指示するもの	多くの標識が■または▲の青色
	❸ 警戒標識	道路上の危険や注意すべき状況などを前もって道路利用者に知らせて、注意を促すもの	すべての標識が黄色でひし形◇
	❹ 案内標識	通行の便宜を図るために、地点の名称や方面、距離などを示すもの	青色は一般道路■、緑色は高速道路■で用いられる
補助標識		本標識に取り付けられるもので、単独では用いられない	

標示 は **2**種類

❶ 規制標示	特定の交通方法を禁止したり、指定したりするもの	黄色の線は禁止や制限を意味し、■は■より意味が強い
❷ 指示標示	特定の交通方法ができることや、道路交通上決められた場所などを指示するもの	ほとんどが白線で示される

規制標識

通行止め	車両通行止め	車両進入禁止	二輪の自動車以外の自動車通行止め
車、路面電車、歩行者のすべてが通行できない	車（自動車、原動機付自転車、軽車両）は通行できない	車は、この標識がある方向から進入できない	二輪を除く自動車は通行できない

自転車通行止め	二輪の自動車、原動機付自転車通行止め	車両（組合せ）通行止め	大型自動二輪車及び普通自動二輪車二人乗り通行禁止
自転車は通行できない	大型・普通自動二輪車、原動機付自転車は通行できない	上記では、自動車と原動機付自転車は通行できない	大型・普通自動二輪車は二人乗りして通行できない

指定方向外進行禁止

車は矢印の方向以外には進めない（上記では右折禁止）

車両横断禁止

車は右折を伴う右側への横断をしてはいけない

転回禁止

車は転回してはいけない

追越しのための右側部分はみ出し通行禁止

車は道路の右側部分にはみ出して追い越しをしてはいけない

追越し禁止

車は追い越しをしてはいけない

駐停車禁止

車は駐車や停車をしてはいけない（上記では8〜20時に禁止）

駐車禁止

車は駐車をしてはいけない（上記では8〜20時に禁止）

駐車余地

車の右側に指定の余地（上記では6m）がとれないときは駐車できない

時間制限駐車区間

標示板に示された時間（上記では8〜20時の60分）を超えて駐車できない

危険物積載車両通行止め

爆発物などの危険物を積載した車は通行できない

重量制限

標示板に示された総重量（上記では5.5t）を超える車は通行できない

高さ制限

地上から標示板に示された高さ（上記では3.3m）を超える車は通行できない

最大幅

標示板に示された横幅（上記では2.2m）を超える車は通行できない

最高速度

自動車は時速50kmを超えて運転してはいけない

最低速度

自動車は時速30kmに達しない速度で運転してはいけない

自動車専用

高速自動車国道または自動車専用道路であることを示す

歩行者専用	自転車および歩行者専用	一方通行	自転車一方通行
歩行者専用道路を示し、原則として**車**は通行できない	**自転車歩行者専用道路**を示し、原則として自転車を除く**車**は通行できない	車は**矢印の方向**だけしか進めない	自転車は**矢印の方向**だけしか進めない
専用通行帯	路線バス等優先通行帯	進行方向別通行区分	環状の交差点における右回り通行
標示板に**示された車**（上記では**路線バス等**）の**専用通行帯**であることを示す	**路線バス等**の**優先通行帯**であることを示す	交差点で車が進行する**方向別の区分**を示す	**環状**の交差点で、車は**右回り**に通行しなければならない
原動機付自転車の右折方法（二段階）	原動機付自転車の右折方法（小回り）	平行駐車	警笛鳴らせ
交差点を右折する原動機付自転車は**二段階右折**しなければならない	交差点を右折する原動機付自転車は**小回り右折**しなければならない	車は道路の側端に対し、**平行に駐車**しなければならない	車と路面電車は**警音器**を鳴らさなければならない
警笛区間	徐行	一時停止	歩行者横断禁止
車と路面電車は**区間内**の指定場所で**警音器**を鳴らさなければならない	車と路面電車は**すぐ止まれる速度**で進まなければならない	車と路面電車は停止位置で**一時停止**しなければならない	歩行者は道路を**横断**してはいけない

並進可	軌道敷内通行可	駐車可	停車可
普通自転車は2台並んで進める	自動車は軌道敷内を通行できる	車は駐車できる	車は停車できる

優先道路	中央線	横断歩道	
優先道路であることを示す	道路の中央、または中央線を示す	横断歩道を示し、右側は児童などの横断が多い横断歩道を表す	

停止線	自転車横断帯	横断歩道・自転車横断帯	安全地帯
車が停止するときの位置を示す	自転車が横断する自転車横断帯を示す	横断歩道と自転車横断帯が併設された場所であることを示す	安全地帯であることを示し、車は通行できない

T形道路交差点あり	右方屈曲あり	右方屈折あり	踏切あり
この先にT形道路の交差点があることを示す	この先の道路が右方に屈曲していることを示す	この先の道路が右方に屈折していることを示す	この先に踏切があることを示す

学校、幼稚園、保育所等あり	滑りやすい	落石のおそれあり	車線数減少
この先に**学校、幼稚園、保育所**などがあることを示す	この先の道路が**滑りやすい**ことを示す	この先が**落石のおそれ**があることを示す	この先で**車線数が減少**することを示す
幅員減少	上り急こう配あり	下り急こう配あり	道路工事中
この先で**道路の幅が狭く**なることを示す	この先に**こう配の急な上り坂**があることを示す	この先に**こう配の急な下り坂**があることを示す	この先の道路が**工事中**であることを示す

案内標識

入口の方向	方面及び方向の予告	待避所	登坂車線
高速道路の**入口の方向**を示す（緑色の標識は**高速道路**を表す）	**方面**と**方向の予告**を示す	**待避所**であることを示す	**登坂車線**であることを示す

補助標識

車の種類	始まり	区間内・区域内	終わり
本標識が示す交通規制の対象となる**車**を表す	本標識が示す交通規制の区間の**始まり**を表す	本標識が示す交通規制の**区間内**、または**区域内**を表す	本標識が示す交通規制の区間の**終わり**を表す

初心運転者標識 （初心者マーク）	高齢運転者標識 （高齢者マーク）	身体障害者標識 （身体障害者マーク）	聴覚障害者標識 （聴覚障害者マーク）
免許を受けて1年未満の人が自動車を運転するときに付けるマーク	70歳以上の人が自動車を運転するときに付けるマーク	身体に障害がある人が自動車を運転するときに付けるマーク	聴覚に障害がある人が自動車を運転するときに付けるマーク

仮免許練習標識	左折可（標示板）	指定消防水利 （消防法による標識）
仮免許 練習中		消防水利
運転の練習をする人が自動車を運転するときに付ける標識	前方の信号が赤や黄でも、まわりの交通に注意して左折できる	指定消防水利であることを示す

ピックアップ！ 間違えやすい標識

デザインを間違えやすい標識					
1 追越し禁止	**2** 追越しのための右側部分はみ出し通行禁止	**3** 一方通行	**4** 左折可（標示板）	**5** 警笛鳴らせ	**6** 警笛区間

1は追い越し自体が禁止、**2**は右側部分にはみ出す追い越しが禁止

3は地が青で矢印が白、**4**は地が白で矢印が青と正反対

5と**6**の違いは、警音器を鳴らす場所。**6**は区間内の見通しのきかない指定場所で警音器を鳴らす

意味を間違えやすい標識					
1 通行止め	**2** 車両横断禁止	**3** 原動機付自転車の右折方法（二段階）	**4** 原動機付自転車の右折方法（小回り）	**5** 優先道路	**6** 道路工事中

車に加え、歩行者や路面電車も通行できない

右折を伴う道路の右側への横断だけが禁止されている

原動機付自転車は二段階右折する

原動機付自転車は小回り右折する

この標識がある道路が優先道路で、「前方優先道路」と間違えない

通行禁止を意味するものではない

転回禁止

車は**転回**してはいけない

追越しのための右側部分はみ出し通行禁止

中央線

車は**黄色の線**を超えて、追い越しをしてはいけない

進路変更禁止

車両通行帯境界線

車は**黄色の線**を超えて、進路変更してはいけない

駐停車禁止

車は**駐車**や**停車**をしてはいけない

駐車禁止

車は**駐車**をしてはいけない

最高速度

30

路面に示された速度（上記では時速**30km**）を超えて運転してはいけない

立入り禁止部分

車は標示内に**入って**はいけない

停止禁止部分

車は標示内で**停止**してはいけない

路側帯

路側帯 ／ 車道

歩行者と**軽車両**が通行でき、幅が**0.75**mを超える場合は中に入って**駐停車**できる

駐停車禁止路側帯

路側帯 ／ 車道

歩行者と**軽車両**が通行でき、中に入っての**駐停車**はできない

歩行者用路側帯

路側帯 ／ 車道

歩行者だけが通行でき、中に入っての**駐停車**はできない

専用通行帯

バス専用 7-9

路面に**示された車**（上記では**路線バス等**）の**専用通行帯**であることを示す（**7-9**は**規制時間**を表す）

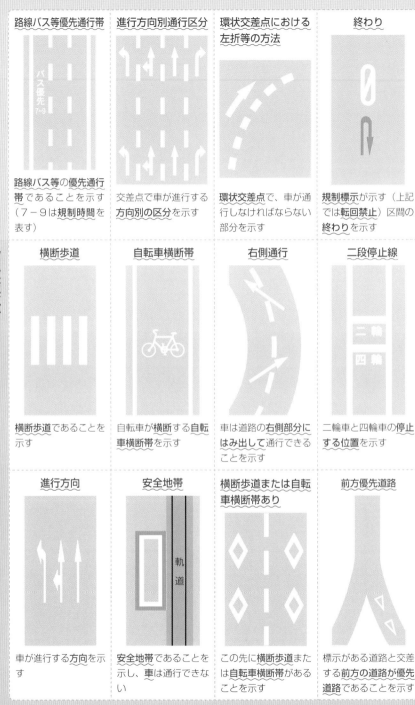

路線バス等優先通行帯

路線バス等の優先通行帯であることを示す（7－9は規制時間を表す）

進行方向別通行区分

交差点で車が進行する方向別の区分を示す

環状交差点における左折等の方法

環状交差点で、車が通行しなければならない部分を示す

終わり

規制標示が示す（上記では転回禁止）区間の終わりを示す

横断歩道

横断歩道であることを示す

自転車横断帯

自転車が横断する自転車横断帯を示す

右側通行

車は道路の右側部分にはみ出して通行できることを示す

二段停止線

二輪車と四輪車の停止する位置を示す

進行方向

車が進行する方向を示す

安全地帯

安全地帯であることを示し、車は通行できない

横断歩道または自転車横断帯あり

この先に横断歩道または自転車横断帯があることを示す

前方優先道路

標示がある道路と交差する前方の道路が優先道路であることを示す

矢印の方向に引くと取り外せます

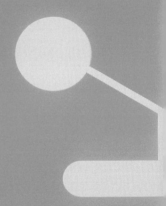

完全合格！

赤シート対応

原付免許

1200問

実戦問題集

長 信一 著

成美堂出版

本書の見方

本書は、別冊の「赤シートでラクラク覚える！超重要交通ルール暗記BOOK」「ジャンル別問題〔厳選〕144問」「本試験模擬テスト1056問」の3つの柱で構成、合わせて1200問の実戦問題を収録しています。本試験模擬テストは、「一問一答」「本試験型」の2パターンを用意し、合格をサポートします。

 赤シートでラクラク覚える！超重要交通ルール暗記BOOK

要チェックルールを16ジャンル収録。重要な項目ばかりなので、確実に覚えよう！

└─ 赤シートを当てて
　　マル暗記！

ジャンル別問題〔厳選〕**144問**

ジャンル別によく出る問題を厳選。確実に解けるようにしよう！

└─ 答え合わせは赤シートでラクラク。重要語句も要チェック！

本試験模擬テスト**1056問**

[一問一答]形式

目安の時間内に、1問ずつ答え合わせをしながら解いていこう！

14回をたっぷり収録。

赤シートでラクラク答え合わせ。解説文をしっかり読み、隠れた文字を考えてみよう！

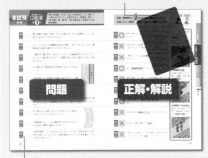

└─ 間違ったら□をチェックして、もう一度チャレンジ！

[本試験型]形式

本試験と同じ制限時間を守って問1〜48まで一気に解こう！最後にまとめて答え合わせ！

8回をしっかり収録。

正解一覧表。間違ったら再チャレンジ！

└─ 答が×の問題だけポイント解説。理解できるまで考えよう！

本書の使い方

1 別冊の「超重要交通ルール暗記BOOK」で知識をチェック！

リラックス！

リラックスしてイラストでルールを暗記。マル暗記するまで読もう！

2 「ジャンル別問題144問」で頻出問題をチェック！

1ジャンルずつ！

あき時間に1ジャンルずつチェック！

3 [一問一答]形式にチャレンジ！

○ ×

右ページに答えがあるので移動中でもラクラク解ける！

4 [本試験型]形式にチャレンジ！

試験中のイメージ！

仕上げは時間を計ってしっかり解く。試験中のイメージで！

文章問題攻略 ここがポイント

Point 1 「原則」と「例外」には要注意！

交通ルールには、例外がつきものです。問題文に「必ず〜」「すべての〜」「どんな場合も〜」などの言葉が出てきたときは例外がないか考えてみましょう。

例題 左右の見通しがきかない交差点を通行するときは、必ず徐行しなければならない。

答 ✕ **交通整理**が行われている場合や、**優先道路**を通行している場合は、徐行の必要はありません。

Point 2 数字は正しくマル暗記！

数字の正誤を問う問題は、正しい数字を覚えていないと正誤の判断ができません。ルールごとにまとめて覚えておきましょう。また、数字の範囲を示す「以上、以下」（その数字を含む）、「超える、未満」（その数字を含まない）の意味を理解しておくことも大切です。

例題 幅が 0.75 メートルの路側帯がある道路では、車道の左端に沿って駐停車しなければならない。

答 ○ 路側帯の中に入って駐停車できるのは、幅が 0.75 メートルを**超える**（0.75 メートルは**含まない**）**白線1本**の場合です。

Point 3 独特の交通用語に注意！

交通用語は、聞き慣れないものや一般で使われる意味と異なるものが多々あります。正しい意味を理解して、ひっかからないようにしましょう。

例題 青色の灯火信号に対面した車は、例外なく直進、左折、右折することができる。

答 ✕ **自動車**は直進、左折、右折できますが、二段階右折が必要な**原動機付自転車**と**軽車両**は右折できません。

Point 4 まぎらわしい標識をチェック！

標識の意味を問う問題は、似たようなデザインのものと混同しないように注意し、意味を正しく覚えておきましょう。

[例]

一方通行 と 左折可（標示板）

一方通行の標識は地が青で矢印が白、**左折可**の標示板は地が白で矢印が青。

イラスト問題攻略 ここがポイント

Point 1 配点は文章問題の2倍!

「危険を予測した運転」がテーマのイラスト問題は、2問出題され、配点は1問2点の合計4点。各問題には3つの設問があり、1つでも間違えると得点になりません。全部間違えると「−4点」となり、合格は難しくなります。

Point 2 「〜だろう」という考え方はダメ!

イラスト問題は、さまざまな交通の場面が運転者の目線で再現されています。イラストの状況で、運転者がどのような危険を予測し、どう回避すれば安全かを問われます。「〜だろう」ではなく、「〜かもしれない」という考え方で危険を予測し、設問の正誤を考えましょう。

Point 3 見えない危険も予測して回避!

車のかげや死角などには、さまざま危険が潜んでいます。目に見える危険とともに、見えない危険も予測して、問題を解きましょう。

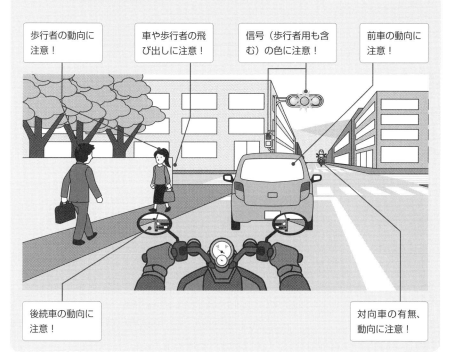

歩行者の動向に注意!

車や歩行者の飛び出しに注意!

信号(歩行者用も含む)の色に注意!

前車の動向に注意!

後続車の動向に注意!

対向車の有無、動向に注意!

5

受験ガイド

＊受験の詳細は、事前に各都道府県の試験場の
ホームページなどで確認してください。

●受験できない人

1	年齢が16歳に達していない人
2	免許を拒否された日から起算して、指定期間を経過していない人
3	免許を保留されている人
4	免許を取り消された日から起算して、指定期間を経過していない人
5	免許の効力が停止、または仮停止されている人

＊一定の病気（てんかんなど）に該当するかどうかを調べるため、症状に関する質問票（試験場にある）を提出してもらいます。

●受験に必要なもの

1	住民票の写し（本籍記載のもの、または小型特殊免許）
2	運転免許申請書（用紙は試験場にある）
3	証明写真（縦30ミリメートル×横24ミリメートル、6か月以内に撮影したもの）
4	受験手数料、免許証交付料（金額は事前に確認のこと）

＊はじめて免許証を取る人は、健康保険証やパスポートなどの身分を証明するものの提示が必要です。

●適性試験の内容

1	視力検査	両眼0.5以上あれば合格。片方の目が見えない人でも、見えるほうの視力が0.5以上で視野が150度以上あれば合格。メガネ、コンタクトレンズの使用も可。
2	色彩識別能力検査	信号機の色である「赤・黄・青」を見分けることができれば合格。
3	運動能力検査	手足、腰、指などの簡単な屈伸運動をして、車の運転に支障がなければ合格。義手や義足の使用も可。

＊身体や聴覚に障害がある人は、あらかじめ運転適性相談を受けてください。

●学科試験の内容と原付講習

1	合格基準	問題を読んで別紙のマークシートの「正誤」欄に記入する形式。文章問題が46問（1問1点）、イラスト問題が2問（1問2点。ただし、3つの設問すべてに正解した場合に得点）出題され、50点満点中45点以上で合格。制限時間は30分。
2	原付講習	実際に原動機付自転車に乗り、操作方法や運転方法などの講習を3時間受ける。なお、学科試験合格者を対象に行う場合や、事前に自動車教習所などで講習を受け、「講習修了書」を持参するなど、形式は都道府県によって異なる。

原付免許取得の流れ

❶ 試験場に行く

あらかじめ、場所や日時について調べておく。

❷ 申請書を作成する

受付で申請用紙をもらい、必要事項を記入する。

❸ 適性試験を受ける

左ページの視力や運動能力についての身体検査を行う。

❹ 学科試験を受ける

制限時間は30分。よく見直してから提出しよう。

❺ 合格発表

合格者

1227	1231	1235
1228	1232	1236
1229	1233	1237
1230	1234	1238

電光掲示板に自分の受験番号が表示されたら合格!

❻ 原付講習を受ける

実際に原動機付自転車を運転する。

＊原付講習が学科試験の前に行われる試験場もあるので、事前に確認しておこう。

もくじ

試験に出る！ ジャンル別問題［厳選］**144**問

これで完璧！ 本試験模擬テスト **1056**問

本試験模擬テスト［一問一答］**672**問

本試験模擬テスト［本試験型］**384**問

※本書は、原則として 2022 年 5 月 13 日現在の法令等に基づいて編集しています。

試験に出る！ ジャンル別問題

厳選 144問

項目 1 運転前の心得／信号の意味

正しいものには「○」、誤っているものには「×」と答えなさい。

信号に関するルール➡別冊の **要チェックルール** ② ③ をチェック！

 Q1 自己中心的な運転をすると、他人に危険を与えるだけでなく、自分自身も危険である。

A1 ○

自己中心的な運転は、他人だけでなく、自分にも**危険が生じる**ことになります。

 Q2 信号機の青色は「進め」の命令であるから、前方の交通に関係なくただちに発進する。

A2 ×

青信号は「**進め**」の命令ではなく、前方の状況が混雑しているときなどでは**発進して**はいけません。

 Q3 運転者は、交通規則を守っていれば、他の交通利用者のことまで考える必要はない。

A3 ×

運転者は、他の交通利用者の立場も考えて、**譲り合う気持ち**が大切です。

 Q4 交差点に入る直前で前方の信号が青色から黄色に変わったが、後ろに車が続いていて急ブレーキをかけると追突されるおそれがあったので、停止せずにそのまま進んだ。

A4 ○

信号が黄色に変わったとき、**停止位置で安全に停止できない**ときは、そのまま進行できます。

 Q5 交通整理中の警察官や交通巡視員の手信号が信号機の信号と異なるときは、信号機の信号に従う。

A5 ×

信号機の信号と手信号が異なるときは、**警察官や交通巡視員の手信号**に従わなければなりません。

車からたばこの吸いがら、紙くず、空き缶などを投げ捨てたり、身体や物を車の外に出したりして運転してはならない。

設問のような行為は、**危険**であり、**迷惑**になるので**禁止**されています。

 前方の信号が青色の灯火のとき、原動機付自転車はすべての交差点で直進、左折、右折をすることができる。

 ✕

二段階の方法で右折しなければならない交差点では、原動機付自転車は**右折**できません。

 道路を通行するときは、相手の立場に立ち、思いやりの気持ちをもって運転することが大切である。

 ○

思いやりの気持ちをもって運転することが、**安全運転**につながります。

 道路上で酒に酔ってふらついたり、寝そべったりするのは、他の交通の妨げとなるだけでなく、自分自身も危険である。

 ○

設問のような行為は**危険**なので、絶対に**してはいけません**。

 右の灯火信号がある交差点では、車は徐行して進行しなければならない。

黄

 ✕

停止位置で**安全に停止できない**場合を除き、**停止位置から先へ進んではいけません**。

 交差点で警察官が右図のような灯火信号をしているとき、身体の正面に対面する方向の交通は、黄色の灯火信号と同じである。

✕

警察官の身体の正面に対面する方向の交通は、**赤色の灯火信号**と同じ意味を表します。

 警察官が両腕を頭上に上げているときは、すべての方向に対し、信号機の黄色の灯火信号と同じ意味である。

 ✕

対面する交通は信号機の**赤色**、平行する交通は信号機の**黄色**の灯火信号と同じ意味です。

11

標識・標示の種類と意味

正しいものには「○」、誤っているものには「×」と答えなさい。

標識・標示の意味➡別冊の **要チェック道路標識・標示** をチェック！

Q1 標識とは、交通の規制などを示す標示板のことをいい、本標識と補助標識の2種類がある。

A1 ○

標識には、**規制・指示・警戒・案内の本標識**と補助標識があります。

Q2 標識や標示は、交通の安全と円滑のために、車を「どのように運転すべきか」または「どのように運転してはいけないか」などを運転者に示している。

A2 ○

標識や標示は、設問のような意味があります。

Q3 右の標示は、標示のある道路が優先道路であることを表している。

A3 ✕

図の標示は、**交差する前方の道路が優先道路**であることを表しています。

Q4 右の標示は、「停止禁止部分」を意味している。

黄

A4 ✕

図の標示は、停止禁止部分ではなく、「**立入り禁止部分**」を意味します。

Q5 右の標示は、前方に横断歩道または自転車横断帯があることを表している。

A5 ○

図は、「**横断歩道または自転車横断帯あり**」の標示です。

Q6 右の標示は、道路の右側部分にはみ出して通行してもよいことを示している。

 Q7 右の標識がある道路では、大型自動二輪車や普通自動二輪車は通行できないが、原動機付自転車は通行することができる。

 Q8 右の標識は、原動機付自転車が右折するとき、交差点の側端（そく）に沿って通行し、二段階右折（たん）をしなければならないことを表している。

 Q9 右の標識は、自動車や原動機付自転車の最高速度が時速40キロメートルであることを表している。

 Q10 右の標識は、追い越し禁止を表すものである。

 Q11 右の補助標識は、本標識が表示する交通規制の終わりを表している。

 Q12 右の標識があるところは原動機付自転車も通行できるが、路線バス等が近づいてきたら、そこから出なければならない。

A6 ○
図は「**右側通行**」の標示で、道路の中央から**右側部分を通行できる**ことを示しています。

A7 ×
図は「**二輪の自動車、原動機付自転車通行止め**」の標識です。

A8 ○
図は「原動機付自転車の右折方法（**二段階**）」を表します。

A9 ×
図の標識は「**最高速度**」を表しますが、原動機付自転車は時速 **30** キロメートルです。

A10 ×
図の標識は、道路の**右側部分にはみ出して**追い越しをしてはならないことを表します。

A11 ○
図の標識は、本標識が表示する交通規制の**終わり**を表す補助標識です。

A12 ×
原動機付自転車は、路線バス等の「**専用通行帯**」から出る**必要はありません**。

13

項目 3 車の通行場所、通行禁止場所

正しいものには「○」、誤っているものには「×」と答えなさい。

📖通行場所・通行禁止場所に関するルール➡別冊の 要チェックルール 5 をチェック！

Q1 一方通行となっている道路では、道路の右側の部分にはみ出して通行することができる。

A1 ○
一方通行の道路は**対向車が来ないので**、**道路の右側部分に**はみ出してを通行することができます。

Q2 原動機付自転車は、車両通行帯がない道路では、道路の中央から左側部分の左寄りを通行する。

A2 ○
原動機付自転車は、道路の中央から**左側部分の左寄りを通**行するのが原則です。

Q3 原動機付自転車を運転中、交通量が多かったので、速度を落として路側帯を通行した。

A3 ×
交通量が多くても、原動機付自転車は**路側帯を通行して**はいけません。

Q4 車は、車両通行帯をみだりに変えて通行すると後続車の迷惑となり、ひいては事故の原因にもなるので、できるだけ同一の車両通行帯を通行すべきである。

A4 ○
車は、できるだけ**同一の車両通行帯**を通行します。

Q5 車は、道路に面した場所に出入りするため、歩道や路側帯を横切る場合は、歩行者の通行を妨げないように徐行して通行する。

A5 ×
徐行ではなく、**一時停止して**歩行者の通行を妨げないようにします。

同一方向に3つの車両通行帯がある道路では、原動機付自転車は最も右側の車線をあけておけば、どの通行帯を通行してもよい。

 原動機付自転車は、原則として最も左側の通行帯を通行しなければなりません。

 道路の左側部分の幅が通行するのに十分でないところでは、右側部分にはみ出して通行することができる。

 通行するのに十分な幅がないところでは、右側部分にはみ出せます。

 右の標示があるところでは、自動車や原動機付自転車は、原則として指定された通行区分に従って通行しなければならない。

 図は「進行方向別通行区分」の標示で、指定された通行区分に従って通行します。

 右の標識があるところでは、二輪の自動車と原動機付自転車は通行することができる。

 図は「二輪の自動車以外の自動車通行止め」を表します。

 右の標識は、この先は歩行者が多いので、車両は注意して通行しなければならないことを表している。

 図は「歩行者専用」を表し、とくに通行が認められた車しか通行できません。

 右の標識は、車両はすべて通行できないが、歩行者は通行してよいことを表している。

通行止

 図は「通行止め」の標識で、歩行者、車、路面電車のすべてが通行できません。

 中央線は、どの道路でも必ず道路の中央に引かれている。

 中央線は、必ずしも道路の中央に引かれているとは限りません。

15

項目4 路線バス等、緊急自動車の優先

正しいものには「○」、誤っているものには「×」と答えなさい。

Q1 一方通行路ではない交差点付近以外の場所で緊急自動車が近づいてきたときは、道路の左側に寄って進路を譲る。

A1 ○

一方通行路ではない交差点付近以外では、**道路の左側に**寄って緊急自動車に進路を譲ります。

Q2 消防自動車や救急車などがサイレンを鳴らし、赤色の警光灯をつけて緊急用務のため運転中の自動車を、「緊急自動車」という。

A2 ○

緊急自動車とは設問のとおりです。なお、交通取締りに従事するときは**サイレンを鳴らさない**場合もあります。

Q3 停留所に止まっている路線バスに追いついたときは、後方で一時停止し、路線バスが発進するまで待たなければならない。

A3 ×

一時停止して待つ必要はなく、安全を確認し、危険がなければ**側方を通過**してもかまいません。

Q4 緊急自動車が近づいてきたとき、交差点に入っている車は、ただちに徐行しなければならない。

A4 ×

交差点を避け、道路の**左側に**寄って**一時停止**しなければなりません。

Q5 交差点や交差点付近で緊急自動車が接近してきたときは、交差点を避け、道路の左側に寄り、一時停止しなければならない。

A5 ○

交差点や交差点付近では、設問のようにして、緊急自動車に進路を譲らなければなりません。

児童や幼児の乗り降りのために停止している通学・通園バスの側方を通過するときは、後方で一時停止して安全を確かめなければならない。

 A6 ✕

必ずしも**一時停止**する必要はなく、**徐行**して子どもの飛び出しに備えます。

 車両通行帯が黄色の線で区画されているところでは、緊急自動車が接近してきたときであっても、黄色の線を越えて進路を変更してはならない。

 A7 ✕

緊急自動車に進路を譲るときは、**黄色の線を越えて**進路を変えてもかまいません。

 標識などで指定された路線バス等の専用通行帯は、原動機付自転車の通行が禁止されている。

 A8 ✕

小型特殊自動車、原動機付自転車、軽車両は、例外として専用通行帯を通行できます。

 路線バス等優先通行帯がある道路では、原動機付自転車も優先通行帯を通行することができる。

 A9 ◯

原動機付自転車は、**路線バス等優先通行帯**を通行できます。

 右の標示がある通行帯は、原動機付自転車も通行できるが、路線バス等が近づいてきたら、左側に寄って進路を譲る。

 A10 ◯

「**路線バス等優先通行帯**」では、**左側に寄って**進路を譲ります。

 右の標識があるところで、緊急自動車に進路を譲るときは、指定された通行区分に従う必要はない。

A11 ◯

緊急自動車に進路を譲るときは、「**進行方向別通行区分**」に従う必要はありません。

 近くに交差点がない道路で緊急自動車が接近してきたときは、道路の左側に寄って進路を譲れば、必ずしも一時停止する必要はない。

 A12 ◯

近くに交差点のない道路では、**左側に寄って**進路を譲ります。

項目 5 交差点、踏切の通行方法

正しいものには「○」、誤っているものには「×」と答えなさい。

 交差点に関するルール➡別冊の **要チェックルール** 9 をチェック！

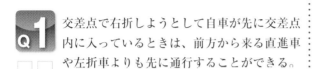

Q1 交差点で右折しようとして自車が先に交差点内に入っているときは、前方から来る直進車や左折車よりも先に通行することができる。

A1 ✕
たとえ先に交差点に入っていても、**直進車**や**左折車**の進行を妨げてはいけません。

Q2 一方通行の道路から右折するときは、あらかじめできるだけ道路の中央に寄り、交差点の中心の内側を通行しなければならない。

A2 ✕
一方通行路では、あらかじめできるだけ道路の**右端**に寄ります。

Q3 見通しの悪い交差点でも、優先道路を走行しているときは、徐行しなくてもよい。

A3 ○
見通しの悪い交差点でも、**優先道路**を走行しているときは、とくに**徐行**の必要はありません。

Q4 交差点で左折する大型自動車の直後を走行する原動機付自転車は、巻き込まれないように十分注意しなければならない。

A4 ○
大型自動車の直後は**死角**になりやすいので、**巻き込まれ**にとくに注意が必要です。

Q5 環状交差点とは、車両が通行する部分が環状（円形）の交差点であって、道路標識などにより車両が左回りに通行することが指定されているものをいう。

A5 ✕
左回りではなく、**右回り**に通行することが指定されているものをいいます。

Q6 片側2車線の道路の交差点で原動機付自転車が右折するときは、右折方法を指定する標識がなければ、あらかじめ道路の中央に寄り、交差点の中心のすぐ内側を徐行しなければならない。

 A6 ◯

設問のような交差点では、原動機付自転車は**二段階の方法**で右折してはいけません。

 Q7 右図のような道幅が同じ交差点では、A車はB車の進行を妨げてはならない。

A7 ◯

B車は**優先道路**を通行しているので、A車はB車の進行を妨げてはいけません。

 Q8 右図のような交通整理の行われていない道幅が異なる交差点では、A車より、左方のB車が先に通行することができる。

 A8 ✕

道幅の**広い道路**を走るA車が先に通行できます。

 Q9 踏切では、踏切内でのエンストを防ぐため、変速しないで発進時の低速ギアのまま通過する。

 A9 ◯

踏切内で変速すると**エンスト**のおそれがあるので、**変速**しないで通過します。

 Q10 踏切を通過しようとするとき、信号機がない場合は、必ず一時停止し、自分の目と耳で安全を確かめなければならない。

 A10 ◯

必ず**一時停止**して、自分の**目**と**耳**で安全を確かめなければなりません。

 Q11 踏切内では、歩行者や対向車に注意しながら、できるだけ左端を通行する。

 A11 ✕

踏切内を通過するときは、落_{らく}輪_{りん}しないようにやや**中央寄り**を通ります。

Q12 交通整理の行われていない道幅がほぼ同じ交差点では、車よりも路面電車が優先する。

A12 ◯

設問のような交差点では、左右どちらから来ても**路面電車**が優先します。

項目6 速度と停止距離、徐行

正しいものには「○」、誤っているものには「×」と答えなさい。

🚗 **速度と徐行に関するルール**➡別冊の **要チェックルール** **6 7** をチェック！

Q1 トンネルの出入口付近では、必ず徐行しなければならない。
☐ ☐

A1 ✕
トンネルの出入口付近で徐行しなければならないという**規則**はありません。

Q2 安全速度とは、つねに法定速度で走行することである。
☐ ☐

A2 ✕
安全速度は、道路の**交通状況**、**天候**や**視界**などを考えた速度で、**法定速度**で走行することではありません。

Q3 運転者が疲れている、いないに関係なく、同じ速度のときの空走距離は一定である。
☐ ☐

A3 ✕
疲れているときは、疲れていないときに比べて空走距離が**長く**なります。

Q4 交通が渋滞してノロノロ運転のときは、混雑するので車間距離を狭くしたほうがよい。
☐ ☐

A4 ✕
追突防止のため、車間距離を**十分とらなければ**なりません。

Q5 車は急には止まれないので、つねに空走距離や制動距離を考えた速度で運転するようにする。
☐ ☐

A5 ○
空走距離や制動距離を考えた速度で運転することが、**安全運転**につながります。

信号機のない交差点で、交差する道路が優先道路であったり、その道幅が広いときは、徐行して交差する道路の交通を妨げないようにしなければならない。

 ○

交差する道路が**優先道路**または道幅が**広い**ときは**徐行**しなければなりません。

 同じ速度で走行している車の制動距離は、荷物の重量が軽い場合よりも重い場合のほうが短くなる。

 ✕

重い車は**慣性**が大きく作用するので、制動距離が**長く**なります。

 道路の曲がり角付近は、見通しのよし悪しにかかわらず、徐行しなければならない。

 ○

見通しがよい、悪いにかかわらず、曲がり角付近は**徐行場所**に指定されています。

 標識や標示で最高速度が指定されていない道路での原動機付自転車の最高速度は、時速30キロメートルである。

 ○

原動機付自転車の法定速度は、時速**30**キロメートルです。

 車を運転中、右の標識があったので、すぐに停止できるように時速10キロメートル以下に速度を落とした。

 ○

「**徐行**」場所では、時速**10**キロメートル以下の速度で通行します。

 右の標識がある道路では、原動機付自転車も時速50キロメートルの速度で通行することができる。

 ✕

図は「**最高速度**」を表しますが、原動機付自転車は時速**30**キロメートルを超えてはいけません。

 こう配の急な下り坂では徐行しなければならないが、こう配の急な上り坂では徐行しなくてもよい。

 ○

こう配の急な**上り坂**は、徐行場所に指定されていません。

21

項目 7 歩行者の保護

正しいものには「○」、誤っているものには「×」と答えなさい。

Q1 横断歩道の手前に停止している車があるときは、車のかげから歩行者が急に飛び出してくるおそれがあるので、前方に出る前に徐行して安全を確かめる。

A1 ✕

前方に出る前に**一時停止**して、安全を確かめなければなりません。

Q2 身体障害者用の車いすで通行している人は、歩行者には含まれない。

A2 ✕

身体障害者用の車いすで通行している人は、**歩行者**に含まれます。

Q3 安全地帯の近くを通行するときは、歩行者がいてもいなくても徐行しなければならない。

A3 ✕

安全地帯に**歩行者がいないとき**は、必ずしも徐行する必要はありません。

Q4 高齢者や子どもなどの歩行者は、予期しない行動をする場合があるので、その動きに十分注意して運転しなければならない。

A4 ○

高齢者や子どもなどの動向には**十分注意して運転する**必要があります。

Q5 走行中、車の左前方に子どもが1人で歩いていたが、路側帯の中だったので、そのままの速度で進行した。

A5 ✕

路側帯の中にいても、子どもが1人で歩いているときは、**一時停止か徐行**をしなければなりません。

通行に支障がある高齢者や身体に障害がある人が歩いているときは、必ず一時停止して安全に通行できるようにする。

 ✕

必ず一時停止ではなく、状況によっては徐行でもかまいません。

 歩行者に泥や水をはねてしまったときは、たとえ徐行していても運転者の責任である。

 ◯

歩行者に泥や水をはねてしまったときの責任は、運転者にあります。

 歩行者または自転車のそばを通行するときは、その間に安全な間隔をあけるか、徐行しなければならない。

 ◯

歩行者や自転車のそばを通るときは、安全な間隔をあけるか徐行しなければなりません。

 歩道や路側帯を横切るときは、歩行者がいてもいなくても、その直前で一時停止しなければならない。

 ◯

歩行者がいないときでも一時停止して、安全を確認しなければなりません。

 路面電車が安全地帯のある停留所に停車し、客が乗り降りしているときは、その後方で一時停止しなければならない。

 ✕

安全地帯があるときは、客が乗り降りしていても、徐行して進むことができます。

 右の標識がある道路は、どんな車でも通行することができるが、歩行者がいるときは徐行しなければならない。

 ✕

図は「歩行者専用」を表し、とくに通行が認められた車しか通行できません。

 横断歩道がない交差点付近に近づいたとき、前方の道路を歩行者が横断していたが、横断歩道がないところでは車のほうが優先するので、一時停止や徐行をしなくてもよい。

 ✕

横断歩道がなくても、一時停止や徐行をして歩行者の通行を妨げてはいけません。

23

項目8 合図／警音器の使用／進路変更など

正しいものには「○」、誤っているものには「×」と答えなさい。

🚗合図に関するルール ➡ 別冊の **要チェックルール 8** をチェック！

Q1 進路変更が終了しても、しばらくの間は方向指示器による合図を続けたほうがよい。

A1 ✕

進路変更が終了したら、**すみやかに合図をやめなければなりません。**

Q2 警音器は、「警笛鳴らせ」の標識があるところ以外では、絶対に鳴らしてはならない。

A2 ✕

危険を避けるためやむを得ないときは、警音器を鳴らせます。

Q3 合図の戻し忘れは、他の交通に迷いを与え、危険を高めることにもなるので、行為が終わったらすみやかにやめなければならない。

A3 ○

合図は、その行為が終わった**らすみやかにやめなければな**りません。

Q4 前車が右左折しようとして合図をしたとき、急ブレーキや急ハンドルで避けなければならない場合以外は、その車の進路変更を妨げてはならない。

A4 ○

急ブレーキや急ハンドルで避けなければならない場合を除き、**前車の進路変更を妨げて**はいけません。

Q5 転回する場合は、転回をしようとする30メートル手前の地点で合図をしなければならない。

A5 ○

転回しようとする地点から30メートル手前の地点に達したときに合図を行います。

Q6 同一方向に進行しながら進路を変えようとするときは、進路を変えようとする30メートル手前で合図をしなければならない。

 A6 ✕
30メートル手前ではなく、進路を変えようとする約3秒前に合図を行います。

 Q7 白いつえを持った人や1人で歩いている子どものそばを通るときは、警音器で注意を促して通行する。

 A7 ✕
警音器は鳴らさずに、徐行か一時停止して安全に通行できるようにします。

 Q8 右の手による合図は、左折か左に進路変更することを意味する。

 A8 ✕
二輪車の図の合図は、右折か転回、または右に進路変更することを意味します。

Q9 右の手による合図は、徐行か停止することを意味する。

 A9 ◯
図のように腕を斜め下に伸ばす合図は、徐行か停止することを意味します。

Q10 右の標示があるところでは、車は矢印のように進路を変更することができる。

黄
中央線

A10 ✕
図は「進路変更禁止」を表し、黄色の線を越えて進路変更できません。

 Q11 右の標識があるところでは、見通しのよい道路の曲がり角であっても、警音器を鳴らさなければならない。

A11 ◯
図は「警笛鳴らせ」を表し、見通しにかかわらず、警音器を鳴らさなければなりません。

 Q12 右折と転回の合図を行う時期は同じである。

 A12 ◯
ともにその行為をする30メートル手前の地点で合図を行います。

項目 9 追い越し／行き違い

正しいものには「○」、誤っているものには「×」と答えなさい。

追い越しに関するルール➡別冊の 要チェックルール 10 11 をチェック！

Q1 追い越しとは、車が進路を変えて、進行中の前車の前方に出ることをいう。

A1 ○

進路を変えて進行中の前車の前方に出るのが追い越しです。

Q2 車両通行帯があるトンネル内では、前車を追い越すことができる。

A2 ○

トンネルで追い越しが禁止されているのは、**車両通行帯がない**場合です。

Q3 横断歩道や自転車横断帯とその手前から30メートルの間は、追い越しは禁止されているが、追い抜きは禁止されていない。

A3 ✕

設問の場所は、**追い越し**だけでなく、**追い抜き**も禁止されています。

Q4 坂道で行き違うとき、近くに待避所（たいひじょ）があれば、上りの車でも待避所に入り、下りの車に道を譲（ゆず）る。

A4 ○

上り下りに関係なく、**待避所がある側**の車がそこに入って、対向車に道を譲ります。

Q5 前を走行する自動車の速度が遅いときは、上り坂の頂上付近で前車を追い越してもよい。

A5 ✕

前車が遅くても、**上り坂の頂上付近**では追い越しをしてはいけません。

他の車を追い越すとき、交通量が少ない場合は、前車の左側を通行してもよい。

 追い越しをするときは、原則として前車の**右側**を通行しなければなりません。

 追い越し禁止場所では、原動機付自転車は軽車両(けいしゃりょう)以外の車両を追い越してはならない。

 軽車両は、追い越し禁止の場所でも追い越すことができます。

 道路の片側に障害物(しょうがいぶつ)があるところで対向車と行き違うときは、つねに障害物のある側の車が優先する。

 障害物のある側の車が**一時停止か減速**をして、対向車に道を譲ります。

 右図のような場所では、たとえ前後が安全であっても、A車はB車を追い越してはならない。

 図の車は優先道路を通行しているので、安全であれば**追い越し**ができます。

 右の標示があるところでは、B車は中央線を越えて追い越しをしてはならないが、A車は中央線を越えて追い越しをしてもよい。

 B車の側に**黄色**の線があるので、B車は中央線を越えて追い越してはいけません。

 右の標識があるところでは、自動車や原動機付自転車を追い越すため、進路を変えたり、その横を通り過ぎたりしてはならない。

追越し禁止

 図の標識は「**追越し禁止**」を表すので、**追い越しをしては**いけません。

 前車を追い越そうとしたとき、後車が追い越しを始めたので、追い越しを中止した。

 後ろの車が自車を追い越そうとしているときは、**前車を追い越してはいけません。**

項目 10 駐停車

正しいものには「○」、誤っているものには「×」と答えなさい。

📖 駐停車に関するルール ➡ 別冊の 要チェックルール 12 13 14 をチェック！

こう配の急な下り坂と上り坂は、ともに駐停車禁止の場所である。

A1 ○
こう配の急な下り坂と上り坂は、ともに**駐停車禁止場所**に指定されています。

どのような道路であっても、歩行者が通行できるだけの幅を残して駐車しなければならい。

A2 ×
歩道や路側帯がない道路では、**道路の左端**に沿って駐車します。

バスや路面電車の停留所の標示板（柱）から10メートル以内の場所は、運行時間外であれば駐停車することができる。

A3 ○
運行時間中は駐停車禁止ですが、**時間外**は禁止されていません。

荷物の積みおろしのためであれば、5分を超えて車を止めても停車になる。

A4 ×
5分を超える荷物の積みおろしは、**停車**ではなく**駐車**になります。

車の右側の道路上に3.5メートル以上の余地がない場所では、原則として駐車することができない。

A5 ○
駐車するときは、原則として車の右側の道路上に**3.5**メートル以上の余地を残さなければなりません。

駐車場や車庫など自動車用の出入口から3メートル以内の場所では、駐車をしてはならない。

 自動車用の出入口から3メートル以内の場所は、駐車が禁止されています。

 道路工事の区域の端から5メートル以内の場所は、駐車も停車も禁止されている。

 設問の場所は、**駐車**は禁止されていますが、**停車**は禁止されていません。

 歩道や路側帯がない道路で駐車や停車をするときは、車の左側に0.75メートル以上の余地をあけ、歩行者の通行を妨げないようにしなければならない。

 道路の**左端**に沿って止め、車の**右側**の余地を多くとるようにします。

 右の標示がある場所では、駐車はできないが停車をすることはできる。

黄

 図の黄色の破線の標示は、**駐車禁止**を表します。

 右の標識があるところでは、標識の手前には駐車してもよいが、向こう側には駐車してはならない。

 図は「**駐車禁止区間の終わり**」を表し、標識の**手前**では駐車してはいけません。

右の路側帯があるところでは、車の左側に0.75メートル以上の余地をあければ、路側帯の中へ入って駐停車してもよい。

路側帯｜車道

 図は「**駐停車禁止路側帯**」なので、**中に入って**駐停車することはできません。

 歩道や幅の狭い路側帯がある一般道路で駐停車するときは、車道の左端に沿う。

歩道や幅の狭い路側帯では、**車道の左端**に沿って駐停車します。

項目 11 走行中に働く力／悪条件での運転／乗車・積載／免許制度

正しいものには「○」、誤っているものには「×」と答えなさい。

● 乗車・積載に関するルール ➡ 別冊の 要チェックルール 4 をチェック！
　免許に関するルール ➡ 別冊の 要チェックルール 1 をチェック！

時速 60 キロメートルでコンクリートの壁に激突（げきとつ）した場合、約 14 メートルの高さ（ビルの 5 階程度）から落ちた場合と同じ程度の衝撃力（しょうげきりょく）になる。

壁に激突した場合の運動エネルギーは、ビルの**5**階程度から落ちた場合と同じ程度の衝撃を受けます。

走行中の速度が半分になれば、制動距離（せいどう）は 2 分の 1 になる。

走行中の速度を半分にすると、制動距離は**4**分の1になります。

雪道では、車の通った跡（あと）を選んで通るほうがよい。

雪道では、**脱輪**（だつりん）防止のため、**車の通った跡（わだち）**を選んで通行します。

夜間、商店街などで交通量が多く明るいときは、前照灯（ぜんしょうとう）などをつけなくてもよい。

夜間は、交通量や明るさに関係なく、**前照灯**などをつけなければなりません。

原動機付自転車に積める荷物の高さの制限は、地上から 2 メートルまでである。

原動機付自転車は、地上から**2**メートルまで荷物を積むことができます。

原動機付自転車に荷物を積むときの積み荷の幅の制限は、荷台から左右にそれぞれ0.3メートル以下である。

 荷物の幅は、荷台から左右にそれぞれ **0.15** メートルを超えてはいけません。

 原動機付自転車は、二人乗りをしてはならない。

 原動機付自転車の乗車定員は、**運転者のみ 1** 人です。

 原動機付自転車は、運転に支障がなければ、幼児を背負って運転しても違反にはならない。

 原動機付自転車の乗車定員は1人なので、設問の運転は**違反**になります。

 原付免許を取得すれば、原動機付自転車と小型特殊自動車を運転することができる。

 原付免許で運転できるのは**原動機付自転車**だけで、**小型特殊自動車**は運転できません。

 自動車や原動機付自転車を運転するときは、運転免許証に記載されている条件（眼鏡等使用など）を守らなければならない。

 運転免許証に記載されている**条件を守って**運転しなければなりません。

 運転免許の区分は、第一種免許、第二種免許、原付免許の３つに分けられる。

 運転免許は、**第一種**免許、**第二種**免許、**仮免許**の３つに区分されます。

 運転免許を受けている人が免許証を携帯しないで自動車や原動機付自転車を運転すると、無免許運転になる。

 免許証不携帯という交通違反ですが、**無免許運転**にはなりません。

正しいものには「○」、誤っているものには「×」と答えなさい。

🚗点検に関するルール➡別冊の 要チェックルール 16 をチェック！

Q1 タイヤは、空気圧、亀裂や損傷、釘や石などの異物の有無、異常な磨耗、溝の深さについて点検する。

 A1 ○

タイヤの点検は、**設問のようなこと**について行います。

Q2 バッテリーの液量は減ることがないので、点検しなくてもよい。

 A2 ✕

バッテリー液は自然蒸発によって**減る**ので、**液量の点検**が必要です。

Q3 マフラーが少しでも破損していると騒音になるので、付け替えるか修理してから運転しなければならない。

 A3 ○

マフラーの破損した車を**運転**してはいけません。

Q4 自動車や原動機付自転車を運転するときは、2時間に1回程度は休憩をとり、長時間続けて運転しないようにする。

 A4 ○

少なくとも2時間に1回程度は運転をやめ、休憩をとります。

Q5 二輪車のチェーンは、中央部を指で押したとき、ゆるみがなくピーンと張っているのがよい。

 A5 ✕

二輪車のチェーンは、**適度なゆるみ**が必要です。

Q6 交通事故が起きたときは、運転者は、事故が発生した場所、負傷者数や負傷の程度、物の損壊程度、事故車両の積載物などを警察官に報告し、指示を受ける。

 A6 ◯
交通事故が起きたときは、**設問のような内容を**警察官に報告して指示を受けます。

 Q7 交通事故が起こっても、自分に責任がなく相手の過失による場合は、警察に届け出る義務はない。

 A7 ✕
交通事故が起こったときは、**過失の有無**にかかわらず、**警察官に届け出**なければなりません。

 Q8 交通事故で頭を強く打って気を失っている人がいるときは、むやみに動かしてはならない。

 A8 ◯
頭部に損傷を受けているときは、**むやみに動かしてはいけ**ません。

 Q9 交通事故を起こし、事故の相手方と話し合いがついたので、後日事故の件を警察官に報告した。

 A9 ✕
交通事故を起こしたら、**すぐに警察官に報告**しなければなりません。

 Q10 原動機付自転車の所有者は、強制保険に加入していれば、任意保険にまで加入する必要はない。

 A10 ✕
万一のことを考え、**任意保険に加入**しておくほうが安心です。

 Q11 交通事故を起こすと自動車損害賠償責任保険か責任共済の証書が必要となるので、紛失しないようにコピーしたものを車に備える。

 A11 ✕
コピーではなく、自賠責保険か責任共済**証明書**を車に備えつけます。

 Q12 車の所有者は、酒を飲んでいる人や無免許の人に車を貸してはならない。

 A12 ◯
設問のような責任は、**車の所有者**にも問われる場合があります。

試験によく出る数字一覧

数字	数字の内容	交通ルールの意味	参照ルール
1	火災報知機から1メートル以内	駐車禁止場所	ルール12
	1人	原動機付自転車の乗車定員	ルール4
2	地上から2メートル以下	原動機付自転車に積載できる荷物の高さ制限	ルール4
3	約3秒前	進路を変えようとするときの合図の時期	ルール8
	駐車場、車庫などの自動車用の出入口から3メートル以内	駐車禁止場所	ルール12
5	●交差点とその端から5メートル以内 ●横断歩道や自転車横断帯とその端から前後5メートル以内 ●道路の曲がり角から5メートル以内	駐停車禁止場所	ルール13
	●道路工事の区域の端から5メートル以内 ●消防用機械器具の置場などから5メートル以内 ●消火栓などから5メートル以内	駐車禁止場所	ルール12
6	片側6メートル以上の道路	道路の右側部分にはみ出す追い越しが禁止されている	ルール5
10	●踏切とその端から前後10メートル以内 ●安全地帯の左側とその前後10メートル以内 ●バス、路面電車の停留所の標示板（柱）から10メートル以内（運行時間中のみ）	駐停車禁止場所	ルール13
30	時速30キロメートル	原動機付自転車の法定速度	ルール6
	●交差点とその手前から30メートル以内（優先道路を除く） ●踏切とその手前から30メートル以内 ●横断歩道や自転車横断帯とその手前から30メートル以内	追い越し禁止場所	ルール11
	30メートル手前の地点	右折、左折、転回するときの合図の時期	ルール8
	30キログラム以下	原動機付自転車に積載できる荷物の重量制限	ルール4
60	時速60キロメートル	一般道路での自動車の法定速度	ルール6

これで完璧！

本試験 模擬テスト
1056問

一問一答

赤シートを当てて解いたら
すぐ答え合わせ！

本試験型

制限時間内に問題を解き、最後に
まとめて答え合わせ！

本試験対策 ─対策─

本試験テスト 一問一答 第1回

次の48問について、正しいものには「○」、誤っているものには「×」と答えなさい。配点は、問1〜46が各1点、問47・48が各2点（3問すべて正解の場合）。

問1 ☐☐ 狭い道路や見通しが悪く子どもが飛び出しそうな道路は、とくに注意して走行しなければならない。

問2 ☐☐ エンジンを止めて原動機付自転車を押して歩くときであっても、横断歩道や歩道を通行することはできない。

問3 ☐☐ 二輪車は、他の車から見えにくいので、車両通行帯があるところでは、2つの通行帯にまたがって進路を変えながら通行したほうが安全である。

問4 ☐☐ 右図は、路面電車停留場の標示である。

問5 ☐☐ 交通事故により負傷者が頭部に傷を受けている場合は、むやみに動かさないほうがよい。

問6 ☐☐ 車は、やむを得ないときは安全地帯を通行してもよい。

問7 ☐☐ 最も左側の通行帯が道路標識などで路線バス等の専用通行帯に指定されていても、原動機付自転車はその通行帯を通行することができる。

問8 ☐☐ 右の標示は、危険であるから矢印のように進行してはならないことを示している。

問9 ☐☐ 交通規則にないことは、運転者の自由であるから、自分本位の判断で運転すればよい。

問10 ☐☐ 交通が混雑している交差点にさしかかったとき、反対方向から来た車が右折しようとしたが、直進車優先なので、そのまま進行して交差点内で停止した。

正解・解説部分に を当てながら解いていこう。

間違ったら、問横の□をチェックして、再度チャレンジ！

合格点

45点以上

目安の時間
45分

ジャンル別問題

本試験テスト 一問一答

本試験テスト 本試験型

第1回

  設問の道路では、**子どもの飛び出し**にとくに注意して走行します。

  設問の場合は、**けん引**しているときを除き、**歩行者**として扱われるので、歩道を通行できます。

  二輪車であっても、**2つの通行帯**にまたがって通行してはいけません。

  図は「**路面電車の停留所（場）**」であることを表しています。

  頭部を負傷している場合は、**むやみに動かしては**いけません。

  安全地帯は道路上にある**歩行者**のための施設なので、車は**通行**してはいけません。

  原動機付自転車は、**路線バス等の専用通行帯**を通行できます。

  設問の標示は、**右側通行ができる**ことを示しています。

  自分本位の判断で運転しては**危険**です。

  交差点の先が混雑して、そのまま進むと交差点内に止まるおそれがあるときは、**進入**してはいけません。

交通事故が起きたときの措置の手順

❶事故の続発防止

車を**安全な場所**に移動させる。

❷負傷者の救護

救急車が到着するまでの間に、**止血**など可能な**応急救護処置**を行う。

❸警察官への事故報告

事故の発生場所や状況、負傷者数や状態などを**警察官に報告**する。

問11	☐ ☐	大気汚染で光化学スモッグが発生しているときや、発生するおそれのあるときは、原動機付自転車の運転を控えるのがよい。

問12	☐ ☐	右の標識は、大型自動二輪車や普通自動二輪車で二人乗りをして通行してはいけないことを表している。

問13	☐ ☐	駐車が禁止されている道路上に原動機付自転車を止めて、友人が来るまで5分間待つ行為は、駐車違反である。

問14	☐ ☐	進路を変更するとき、後続車がいなければ合図をしなくてよい。

問15	☐ ☐	夜間、横断歩道付近で対向車と行き違うとき、横断歩行者は見えなかったが、自車と対向車のライトで道路の中央付近にいる歩行者が見えなくなることもあるので、速度を落として進行した。

問16	☐ ☐	右図で、一方通行を表しているのはCである。

A　B　C

問17	☐ ☐	二輪車を運転してカーブを走行するときは、カーブの手前で速度を落とし、カーブの後半では、前方の確認をしてからやや加速するようにする。

問18	☐ ☐	雨天時に道路を通行するときは、滑りやすいので空気圧は低くしたほうがよい。

問19	☐ ☐	前車に続いて踏切を通過するときは、安全が確認できれば一時停止の必要はない。

問20	☐ ☐	右の標識があるところを、原動機付自転車で通行した。

問21	☐ ☐	四輪車のドライバーは、二輪車を軽視する傾向がある。

問22	☐ ☐	車は、「こう配の急な上り坂」「上り坂の頂上付近」「こう配の急な下り坂」では、追い越しが禁止されている。

大気汚染や地球の**温暖化**を防止するため、原動機付自転車の**運転**を控えます。

  設問の標識は、「**大型自動二輪車及び普通自動二輪車二人乗り通行禁止**」を表します。

  人や荷物を待つ行為は、時間に関係なく**駐車**になります。

  後続車の有無に関係なく、進路変更では**合図**をしなければなりません。

  設問のような「**蒸発現象**」に注意して運転しなければなりません。

  Aは「**一方通行**」、Bは「**指定方向外進行禁止**」、Cは「**左折可**」を表します。

  二輪車でカーブを走行するときは、**設問のようにして**行います。

  雨天のときでも、空気圧は**低すぎても高すぎても**いけません。

  一時停止して安全を確認しなければなりません。

  図は「**二輪の自動車、原動機付自転車通行止め**」を表し、原動機付自転車も通行することができません。

  車体の小さい二輪車に対し**優越感**をいだき、**軽視する**傾向があります。

答22 こう配の急な上り坂は、**追い越し禁止場所**ではありません。

夜間通行するときの注意点

周囲が暗く**視界が悪い**ので、速度を落とし、視線をできるだけ**先**へ向ける。

自車と対向車の**ライト**で、道路の中央付近の**歩行者**が見えなくなる（蒸発現象）ことがあるので注意する。

前車に続いて走行するときは、前車の**ブレーキ灯**に注意して運転する。

薄暮時は**事故**が起こりやすいので、早めに**ライト**をつけ、**自車の存在**を知らせる。

39

問 23 ☐ ☐ 「大丈夫だろう」と自分に都合よく考えず、「ひょっとしたら危ないかもしれない」と考えた運転をするほうが安全である。

問 24 ☐ ☐ 右の標示は、「停止禁止部分」を示している。

黄

問 25 ☐ ☐ 歩道や路側帯のない道路で駐車や停車をするときは、道路の左端に沿うようにしなければならない。

黄

問 26 ☐ ☐ 黄色の灯火の点滅信号では、車は徐行して進行しなければならない。

問 27 ☐ ☐ 住宅街の見通しのきかない交差点に近づいたが、いつ子どもが飛び出してくるかわからないので、あらかじめ警音器を鳴らし、いつでも止まれる速度に落として通行した。

問 28 ☐ ☐ 右の標識と標示は、同じ意味である。

追越し禁止

問 29 ☐ ☐ 原動機付自転車の所有者は、強制保険に加入していれば、任意保険にまで加入する必要はまったくない。

黄

問 30 ☐ ☐ 道路の右側の道路上に 3.5 メートル以上の余地がなくなるような場所では、どんな場合であっても駐車してはいけない。

問 31 ☐ ☐ 同一方向に進行中、進路を左方に変えるときに行う合図の時期は、進路を変えようとするときの約 3 秒前である。

問 32 ☐ ☐ 右の道路標示があるところであっても、右左折するための進路変更は禁止されていない。

中央線

黄

問 33 ☐ ☐ 原動機付自転車を選ぶときは、またがったときに両足のつま先が地面に届かなければ、体格に合った車種とはいえない。

問 34 ☐ ☐ 運転者の性格や日常の生活態度は、車の運転に影響をおよぼすことはない。

答23 ○ つねに**危険を予測した**運転を心がけるようにします。

答24 × 図は、**停止禁止部分**ではなく、「**立入り禁止部分**」を表す標示です。

答25 ○ 道路の**左端**に沿って止め、車の**右側**の余地を多くとるようにします。

答26 × 必ずしも**徐行**する必要はなく、**他の交通**に注意して進行します。

答27 × 警音器は、**注意を促す**ために使用してはいけません。

答28 × 標識は「**追越し禁止**」、標示は「**追越しのための右側部分はみ出し通行禁止**」です。

答29 × 万一のことを考え、**任意**保険にも加入するようにします。

答30 × 例外として、**荷物の積みおろし**のため運転者がすぐに運転できるときと、**傷病者を救護する**ときは、駐車することができます。

答31 ○ 進路変更の合図は、進路を変えようとする約**3**秒前に行います。

答32 × 図の標示は「**進路変更禁止**」を表し、右左折のためであっても**進路変更**することができません。

答33 ○ 二輪車は、**両足のつま先が地面に届く**ような車種を選びます。

答34 × 車の運転は、その人の**性格**や日常の**生活態度**が大きく影響をおよぼしています。

意味を間違いやすい規制標示

●立入り禁止部分

黄

車が**入ってはいけない**部分であることを表す。**安全地帯**と間違えない。

●停止禁止部分

車が**停止してはいけない**部分であることを表す。**通行する**ことはできる。

●終わり

黄　　　黄

規制標示が示す交通規制の区間がここで**終わる**ことを表す。左が「**最高速度時速50キロメートル区間の終わり**」、右が「**転回禁止区間の終わり**」。

41

| 問 35 | □ □ | 踏切で警報機が鳴っていたが、遮断機が下りていなかったので、急いで通過した。 |

| 問 36 | □ □ | 右の標識がある交差点では、大型貨物自動車等以外の車は直進してはならない。 |

| 問 37 | □ □ | 横断歩道がないところを横断している歩行者に対しても、徐行や減速するなどして、その通行を妨げてはならない。 |

| 問 38 | □ □ | 工事現場の鉄板の上は濡れるととくに滑りやすくなるので、急ブレーキをかけなくてすむように、あらかじめ十分速度を落として走行する。 |

| 問 39 | □ □ | アスファルト道路では、雨の降り始めが最も滑りやすい。 |

| 問 40 | □ □ | 右の標示は、前方に優先道路があることを表している。 |

| 問 41 | □ □ | 交差点で右折する場合、右折車が直進車より先に交差点に入っているときは、直進車より先に右折することができる。 |

| 問 42 | □ □ | 止まっている車のかげからの人の飛び出しに備えるためには、車の屋根や床下などを注意深く見るとよい。 |

| 問 43 | □ □ | 横断歩道や自転車横断帯とその手前5メートル以内は、駐停車が禁止されているが、向こう側の5メートル以内は禁止されていない。 |

| 問 44 | □ □ | 右の手による合図は、右折か転回、または右に進路変更することを表す。 |

| 問 45 | □ □ | 通行止めの標識がある道路は、歩行者も通行することができない。 |

| 問 46 | □ □ | 自動車は一方通行の道路を逆方向に進むことはできないが、原動機付自転車は車体が小さいので逆方向に進むことができる。 |

答35 ✕ 警報機が鳴っているときは、踏切に入ってはいけません。

 答36 ✕ 図は、**大型貨物自動車等**は直進しかできないことを表し、それ以外の車は**直進**や**右左折**をすることができます。

 答37 ◯ 横断歩道がないところでも、**歩行者の通行**を妨げてはいけません。

 答38 ◯ 滑りやすい場所では、あらかじめ**速度を十分落と**して走行します。

 答39 ◯ **雨の降り始め**が最も滑りやすいので、注意して運転します。

 答40 ✕ 設問の標示は、「**横断歩道または自転車横断帯あり**」を表します。

 答41 ✕ 先に交差点に入っていても、右折車は**直進車**の進行を妨げてはいけません。

 答42 ◯ **停止している車**の周辺は、とくに注意が必要です。

 答43 ✕ 向こう側の5メートル以内も、**駐停車が禁止**されています。

 答44 ◯ 図の手による合図は、**右折**か**転回**、または**右**に進路変更することを表します。

 答45 ◯ 通行止めの標識がある道路は、**歩行者**も通行することができません。

 答46 ✕ 原動機付自転車であっても、一方通行の道路を**逆行**してはいけません。

四輪車の手による合図の意味（右手で行う場合）

● **左折、左方に進路変更するとき**

右腕を車の外に出し、ひじを**垂直に上**に曲げる。

● **右折、転回、右方に進路変更するとき**

右腕を車の外に出し、腕を**水平**に伸ばす。

● **徐行、停止するとき**

右腕を車の外に出し、腕を**斜め下**に伸ばす。

● **後退するとき**

右腕を車の外に出し、腕を**斜め下**に伸ばし、手のひらを**後ろ**に向けて腕を**前後**に動かす。

43

| 問 47 | 時速 20 キロメートルで進行しています。どのようなことに注意して運転しますか？ |  |

(1) ☐ ☐ 　自転車と子どもが道路の両側にいるので、いったん右側に寄って自転車を追い越し、続いて左に寄って子どもを追い越し、すばやく通過する。

(2) ☐ ☐ 　自転車は片手運転でふらつくこともあるので、警音器（けいおんき）を鳴らし、注意を促（うなが）して追い抜く。

(3) ☐ ☐ 　自転車と子どもの間に十分な間隔（かんかく）がとれないので、自転車のあとについて子どもの横を通過してから自転車を追い抜く。

| 問 48 | 交差点を左折するため、時速10キロメートルに減速しました。どのようなことに注意して運転しますか？ |  |

(1) ☐ ☐ 　右側から無灯火の自転車がきており、視界が悪くて見落としやすいので、交差点の手前で停止する。

(2) ☐ ☐ 　後ろから車が近づいているので、すばやく左折する。

(3) ☐ ☐ 　交差点の左に歩行者がいるが、横断歩道もなく横断する様子もないので、自転車に注意しながら左折する。

危険1

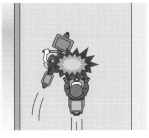

危険2

自転車が急に自車の前に出てくるか
もしれない！

子どもが急に自車の前に出てくるか
もしれない！

(1) 自転車と子どもの両方に十分注意し、速度を落とします。

(2) 注意を促すために、警音器を鳴らしてはいけません。

(3) 自転車の後ろを追従するのは、最も安全な運転行動です。

答48 危険1

危険2

無灯火の自転車と衝突するかもしれ
ない！

歩行者が道路を横断するかもしれな
い！

(1) 交差点の手前で停止して、自転車を安全に通過させます。

(2) すばやく左折すると、自転車や歩行者と接触するおそれがあります。

(3) いったん停止して、歩行者を安全に通過させます。

ジャンル別問題 本試験テスト 一問一答 本試験テスト 本試験型 第1回

本試験 ─対策─

本試験テスト 一問一答 第②回

次の48問について、正しいものには「○」、誤っているものには「×」と答えなさい。配点は、問1〜46が各1点、問47・48が各2点（3問すべて正解の場合）。

問1 横断歩道のない交差点、またはその付近を横断している歩行者がいる場合は、減速、徐行、一時停止などをして、その通行を妨げてはならない。

問2 踏切で信号が青色のときは、踏切の手前で一時停止する必要はないが、安全を確かめてから通過しなければならない。

問3 運転中に目が疲れたときは、見通しのよい直線部分で速度を落として、まわりの景色をながめながら走行するとよい。

問4 右の標示は、自転車横断帯である。

歩道

問5 交差点で右折しようとしたとき、対向車の右折車のかげに自動二輪車が見えたが、速度も遅く、遠くに見えたのでそのまま進行した。

問6 「右側通行」の標示がある道路では、車は道路の右側に最小限はみ出すことができる。

問7 道路を安全に通行するためには、警音器をできるだけ多く使ったほうがよい。

問8 右の標示があるところで、荷物の積みおろしのため、運転者が車のそばにいて5分間車を止めた。

黄

問9 交通規則を守って運転するのは、交通事故を防止し、交通の秩序を保つことになる。

問10 エンジンの総排気量が50ccを超え、400cc以下の二輪の自動車は、「普通自動二輪車」である。

道路を横断している人がいる場合は、**その通行を妨げて**はいけません。

  青信号のときは、踏切の手前で**一時停止**する必要はありません。

  走りながらではなく、**車を止めて**疲れをとるようにします。

  設問の標示は、普通自転車が**歩道を通行できる**ことを表しています。

  二輪車は遠くに見えても、**すぐ接近してくる**ことがあるので一時停止します。

  「右側通行」の標示があれば、道路の右側に**最小限はみ出す**ことができます。

  警音器は、**指定された場所と危険を防止する**場合以外は、むやみに使用してはいけません。

  設問の標示は「**駐停車禁止**」なので、5分間でも**止める**ことはできません。

  交通規則を守って運転することは、事故を防止し、**秩序を保つ**ことにつながります。

設問の二輪車は**普通自動二輪車**であり、400ccを超えると**大型自動二輪車**になります。

自転車の通行に関する標識・標示

●**自転車専用**

普通自転車以外の車と、**歩行者**の通行が禁止されていることを表す。

●**自転車および歩行者専用**

普通自転車以外の車の通行が禁止されていることを表す。

●**普通自転車歩道通行可**

普通自転車が、**歩道を通行できる**ことを表す。

●**自転車横断帯**

自転車が**道路を横断する**ための場所であることを表す。

問11 □ □ 道路が混雑しているとき、自動車や原動機付自転車は、路側帯に入って通行してもよい。

問12 □ □ 右の標識は、歩行者の通行が多い道路であることを表すが、原動機付自転車は徐行すれば通行することができる。

問13 □ □ 交差点で交差道路へ入ろうとする場合、交差道路が優先道路であるときは、必ず一時停止しなければならない。

問14 □ □ 車は、道路に面したガソリンスタンドに出入りするため歩道や路側帯を横切るとき、歩行者がいないときは徐行して通過することができる。

問15 □ □ 視力は、明るいところから急に暗いところに入ると低下するが、暗いところから急に明るいところに出るときは変わらない。

問16 □ □ 右の標識は、おもに山間部や橋の上などに設けられている「横風注意」の標識である。

黄

問17 □ □ 前車の発進を促すときや、仲間の車と行き違うときなどの合図に、警音器を使用してはならない。

問18 □ □ 坂道での行き違いは、上りの車が下りの車に道を譲るのがマナーである。

問19 □ □ 路線バス等の専用通行帯であっても、小型特殊自動車と原動機付自転車、および軽車両は通行することができる。

問20 □ □ 右の2つの標識があるところでは、いずれも左折しかすることができない。

問21 □ □ 駐車とは、車が継続的に停止すること（人の乗り降りや5分以内の荷物の積みおろしを除く）や、運転者が車から離れていてすぐに運転できない状態で停止することをいう。

問22 □ □ 原動機付自転車を運転するときのヘルメットは、工事用安全帽でもかまわない。

48

自動車や原動機付自転車は、道路が混雑していても、**路側帯を通行**してはいけません。

 図は「**歩行者専用**」を表し、沿道に車庫をもつ車などで、とくに**通行が認められた車**しか通行できません。

 必ず**一時停止**ではなく、必ず**徐行**しなければなりません。

 歩行者がいないときでも、歩道や路側帯の直前で**一時停止**しなければなりません。

 明るさが急に変わると、視力は一時**急激に低下**します。

 設問の「**横風注意**」の標識は、おもに横風の強い山間部や橋の上などに設けられています。

 警音器は、**あいさつ代わり**に鳴らしてはいけません。

 下りの車が、発進の難しい**上り**の車に道を譲るのが原則です。

 小型特殊自動車、原動機付自転車、軽車両は、例外として路線バス等の専用通行帯を通行できます。

 左は「**指定方向外進行禁止**」、右は「**進行方向別通行区分**」の標識で、ともに**左折**しかできません。

 駐車とは、設問のように**停止すること**をいいます。

 工事用安全帽は、二輪車の**乗車用ヘルメット**ではないので使用してはいけません。

ジャンル別問題

本試験テスト

本試験テスト 一問一答

本試験テスト 本試験型

第2回

行き違いの方法

●片側が転落のおそれがある危険な場所では

がけ側の車が**安全な場所**に停止して、反対側の車に道を譲る。

●狭い坂道では

下りの車が停止して、発進の難しい**上り**の車に道を譲る。

待避所があるときは、**待避所がある側の車**がそこに入り、道を譲る。

●前方に障害物がある場所では

障害物がある側の車が**一時停止**か**減速**をして、対向車に道を譲る。

問 23	☐ ☐	進路変更、転回などの行為が終わったときは、約3秒たってからその合図をやめなければならない。

問 24	☐ ☐	右の標識のBやCの通行帯を通行中の車は、緊急自動車が後方から接近してきても通行区分に従い、進路を変更する必要はない。

A B C

問 25	☐ ☐	短い距離で車を止めるには、ブレーキを力いっぱい強くかけて、車輪の回転を完全に止めたほうがよい。

問 26	☐ ☐	二輪車は四輪車と違い、他の交通の妨げになることは少ないので、駐車禁止場所でも駐車することができる。

問 27	☐ ☐	黄色の矢印信号は、路面電車と路線バスだけ、矢印の方向に進行することができる。

問 28	☐ ☐	右の標識がある道路では、追い越しのために、進路を変えたり、前車の横を通り過ぎてはならない。

追越し禁止

問 29	☐ ☐	運転中に大地震が発生したときは、なるべく車を使用して遠くへ避難する。

問 30	☐ ☐	車両通行帯がある道路で追い越しをするときは、通行している車両通行帯のすぐ右側の車両通行帯を通行する。

問 31	☐ ☐	停止距離は、空走距離と制動距離を合わせた距離である。

問 32	☐ ☐	右の手による合図は、右折か転回、または右に進路変更することを表している。

問 33	☐ ☐	夜間、街路灯がついている明るい道路を通る車は、前照灯をつけなくてもよい。

問 34	☐ ☐	緊急の用務ではない救急自動車は、緊急自動車にはならない。

これらの行為が終わったときは、**すみやかに合図をやめ**なければなりません。

 緊急自動車に進路を譲るときは、**通行区分に従わなくても**かまいません。

 車輪の回転を止めると、かえって制動距離が**長く**なります。

 駐車禁止の場所では、二輪車でも**駐車することはできま**せん。

 黄色の矢印信号で進めるのは**路面電車**だけで、路線バスも含めて他の車は**進むことが**できません。

 「**追越し禁止**」の標識がある場所では、**追い越し**をしてはいけません。

 大地震が発生したときは、やむを得ない場合を除き、車を使用して**避難**してはいけません。

 追い越しをするときは、通行している車両通行帯の**すぐ右側**の車両通行帯を通行します。

 停止距離は、**空走**距離に**制動**距離を加えた距離です。

  設問の合図は、**左折か左**に進路変更することを表します。

  夜間、車を運転するときは、必ず**前照灯**をつけなければなりません。

  緊急自動車になるのは、サイレンを鳴らすなど**緊急の用務**のために運転中の救急自動車です。

緊急自動車への進路の譲り方

●交差点やその付近では

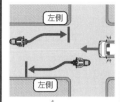

交差点を避け、道路の**左**側に寄って**一時停止**する。

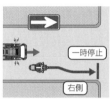

一方通行路で、左側に寄るとかえって緊急自動車の妨げになる場合は、**交差点を避け、道路の右**側に寄って**一時停止**する。

●交差点やその付近以外では

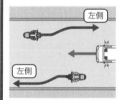

道路の**左**側に寄る。

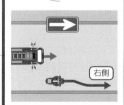

一方通行路で、左側に寄るとかえって緊急自動車の妨げになる場合は、道路の**右**側に寄る。

問 35	☐ ☐	止まっている通学・通園バスのそばを通るとき、保護者が児童に付き添っていたので、徐行しないで側方を通過した。

問 36	☐ ☐	右の標識は、この先に踏切があることを表している。

黄

問 37	☐ ☐	交通が渋滞して車が並んでいるときであっても、「停止禁止部分」の中に停止してはならない。

問 38	☐ ☐	「歩行者がいるとは思わなかった」「対向車が来るとは思わなかった」「右から車が来るとは思わなかった」と言い訳をするような事故は、死角に潜んでいる危険を予測しなかったためである。

問 39	☐ ☐	エンジンブレーキは、高速ギアよりも低速ギアのほうが効きがよい。

問 40	☐ ☐	右の標識がある場所では、その区間内で転回してはならない。

問 41	☐ ☐	右折と転回の合図の方法は、同じである。

問 42	☐ ☐	地が黄色の標識は、道路上の危険や注意すべき状況などを前もって知らせて注意を促す警戒標識である。

問 43	☐ ☐	歩道や路側帯がない道路に駐車するときは、車の左側に0.75メートル以上の余地をあけなければならない。

問 44	☐ ☐	右の標識があるところを通るときは、必ず警音器を鳴らさなければならない。

問 45	☐ ☐	渋滞しているときは、横断歩道や自転車横断帯の中に入って停止してもやむを得ない。

問 46	☐ ☐	車を運転しているときに携帯電話で通話をすることは禁止されているが、メールの読み書きは運転に与える影響が少ないので禁止されていない。

停止中の通学・通園バスのそばを通るときは、**徐行**しなければなりません。

  設問の標識は、**踏切がある**ことを表しています。

 交通が渋滞しているときであっても、**停止禁止部分**の中で停止してはいけません。

  「**ひょっとしたら～かもしれない**」と危険を予測する必要があります。

  エンジンブレーキは、**低速**ギアになるほど効きがよくなります。

  設問の標識は「**転回禁止区間**」を表し、その区間内では**転回**してはいけません。

  右折と転回の合図は、**右側**の方向指示器を出すなど、**同じ方法**で行います。

  地が黄色の標識は**警戒**標識で、道路上の**危険**や**注意すべき状況**などを前もって知らせるものです。

  歩道や路側帯がない道路では、道路の**左**側に沿って駐車します。

  図は「**警笛鳴らせ**」の標識なので、**警音器**を鳴らさなければなりません。

  たとえ渋滞している場合でも、歩行者や自転車の通行を考え、**あけて**おかなければなりません。

  運転中の携帯電話の使用は、**通話**に限らず**メールの読み書き**も禁止されています。

交通の状況で進入が禁止されている場合

他の車の通行を妨げるおそれがあるときは、交差点に入ってはいけない。

踏切内で**動きがとれなくなる**おそれがあるときは、踏切に入ってはいけない。

渋滞などで「停止禁止部分」の標示内や、横断歩道・自転車横断帯で**動きがとれなくなる**おそれがあるときは、その中に入ってはいけない。

問47 前車に続いて時速 5 キロメートルで進行しています。どのようなことに注意して運転しますか？

(1) ☐ ☐ 前車が急に止まるかもしれないので、車間距離をあけて進行する。

(2) ☐ ☐ 後続車が追突してくるかもしれないので、速度を落とすときは、ブレーキを数回に分けて使用する。

(3) ☐ ☐ 対向側の車のかげから歩行者が道路を横断するかもしれないので、車のかげに十分注意して進行する。

問48 時速 30 キロメートルで進行しています。交差点を直進するときは、どのようなことに注意して運転しますか？

(1) ☐ ☐ トラックが急に止まるかもしれないので、車間距離を十分とって進行する。

(2) ☐ ☐ 左方から来る車は、トラックを先に通過させると思われるので、車間距離をつめて、トラックに続いて進行する。

(3) ☐ ☐ トラックの前方の状況が見えないので、トラックが交差点を通過するまで、停止線の手前で停止する。

答
47

危険1

急に停止すると、後続車に追突され
るかもしれない！

危険2

対向車のかげから歩行者が出てきて
衝突するかもしれない！

(1) ○ 追突しないように**車間距離**をあけて走行します。

(2) ○ ブレーキを**数回に分けて使用**し、後続車に注意を 促 します。

(3) ○ 対向側の車のかげから**歩行者が飛び出してくる**おそれがあるので十分注意します。

答
48

危険1

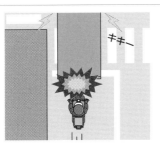

トラックが急に止まると、追突する
かもしれない！

危険2

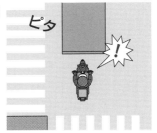

交差点の前方が混雑していて、交差
点内で停止するかもしれない！

(1) ○ **トラックの急停止**に備え、車間距離を十分とって進行します。

(2) ✕ 車間距離をつめると、**トラックに 衝 突**するおそれがあります。

(3) ○ 停止線の手前で停止して、安全を確認するのも**一つの方法**です。

本試験
―対策―

本試験テスト
一問一答
第❸回

次の 48 問について、正しいものには「○」、誤っているものには「×」と答えなさい。配点は、問 1 〜 46 が各 1 点、問 47・48 が各 2 点（3 問すべて正解の場合）。

問 1 ☐☐ 近くに交差点がない一方通行の道路で緊急自動車が近づいてきたときは、状況によっては道路の右側に寄って進路を譲ってもよい。

問 2 ☐☐ 原動機付自転車を運転するときは、運転操作に支障がなく活動しやすい服装をして、げたやハイヒールを避ける。

問 3 ☐☐ 濡れたアスファルト路面やタイヤの山がすり減っているときは、摩擦力が大きく、原動機付自転車の停止距離は短くなる。

問 4 ☐☐ 右の標識は、自転車専用道路であることを示している。

問 5 ☐☐ 運転中に大地震が発生して車を駐車するときは、できるだけ道路外に停止させる。

問 6 ☐☐ 車を運転中、進路を右に変えるときは、進路を変えようとする地点から 30 メートル手前で合図をしなければならない。

問 7 ☐☐ 車は、道路に面した場所に出入りするために、歩道や路側帯を横切ることができる。

問 8 ☐☐ 路面電車が通行するために必要な道路の部分を「軌道敷」といい、原則として車の通行が禁止されている。

問 9 ☐☐ 右の標識があるところでは、この先にどんな危険があるかわからないから十分注意して運転する必要がある。

黄

問 10 ☐☐ 自動二輪車で同乗者用の座席がないものや原動機付自転車は、二人乗りをしてはならない。

正解・解説部分にを当てながら解いていこう。
間違ったら、問横の□をチェックして、再度チャレンジ！

合格点 45点以上　目安の時間 45分

ジャンル別問題

本試験テスト 一問一答

本試験テスト 本試験型

第3回

 左側に寄るとかえって**緊急自動車の妨げ**になるときは、**右側**に寄って進路を譲ります。

 活動しやすい服装をして、げたやハイヒールをはいて**運転**してはいけません。

 設問の場合は摩擦力は**小さく**、原動機付自転車の停止距離は**長く**なります。

 図は「**自転車および歩行者専用**」の標識で、**自転車**だけでなく、**歩行者**も通行できます。

 緊急通行車両の通行の妨げにならないように、できるだけ**道路外に停止**させます。

 進路変更の合図は、進路を変えようとするときの約**3**秒前に行います。

 一時停止して歩行者の通行を妨げないようにすれば、歩道や路側帯を**横切る**ことができます。

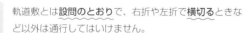 軌道敷とは**設問のとおり**で、右折や左折で**横切る**ときなど以外は通行してはいけません。

 設問の**警戒標識**は、この先に何か**その他の危険**があることを示しています。

 同乗者用の座席がない自動二輪車や原動機付自転車の乗車定員は、運転者の**1**人だけです。

大地震が発生したときの措置

急ブレーキや急ハンドルを避け、**安全な方法**で道路の**左**側に停止させる。

携帯電話やラジオなどで**情報**を聞き、それに応じて行動する。

車を置いて避難するときは、できるだけ**道路外**の場所に車を移動させる。

やむを得ず、道路上に車を置いて避難するときは、**エンジンを止め**、**キー**は付けたままとするか運転席などに置いておき、**ハンドルロック**などをしない。

| 問11 | ☐ ☐ | 運転中の疲労とその影響は目に最も強く現れ、疲労度が高まると見落としや見間違いが多くなり、判断力が低下する。 |

| 問12 | ☐ ☐ | 道路で交通巡視員が手信号をしていても、交通巡視員は警察官ではないので、その手信号には従わなくてもよい。 |

| 問13 | ☐ ☐ | 右の路側帯は、歩行者だけが通行することができる。 |

路側帯　車道

| 問14 | ☐ ☐ | 坂道では、上りの車が優先なので、近くに待避所があっても下りの車に道を譲る必要はない。 |

| 問15 | ☐ ☐ | 交通渋滞で停止している車の側方を原動機付自転車で走行する場合は、車のかげから歩行者が飛び出したり、停止中の車のドアが急に開いたりすることがあるので、十分注意しなければならない。 |

| 問16 | ☐ ☐ | 長い下り坂で後輪ブレーキを使いすぎると、ブレーキが効かなくなって危険である。 |

| 問17 | ☐ ☐ | 右の標識は、この先が行き止まりなので通行できないことを表している。 |

黄

| 問18 | ☐ ☐ | 駐車禁止の場所であっても、車の右側に3.5メートル以上の余地があれば、左側端に寄せて駐車してよい。 |

| 問19 | ☐ ☐ | 進路変更、転回などをするときは、他の通行車両がなければ、合図をしなくてもよい。 |

| 問20 | ☐ ☐ | 夜間、見通しの悪い交差点やカーブなどの手前では、前照灯を上向きにするか点滅させて、他の車や歩行者に自車の接近を知らせるようにする。 |

| 問21 | ☐ ☐ | 右折や左折などの合図は、その行為が終わるまで続けなければならない。 |

| 問22 | ☐ ☐ | 右の3つの補助標識は、同じ意味を表している。 |

A　→
B　ここまで
C

58

運転中の疲労の影響は、**目**に最も強く現れます。

 警察官と同様に、交通巡視員の手信号にも**従わなければ**なりません。

 図は「**歩行者用路側帯**」を表し、自転車などの**軽車両**も通行できません。

 待避所に近いほうの車が、その中に入って道を譲ります。

 歩行者の飛び出しや、車の**ドア**には十分注意しなければなりません。

 長い下り坂では、**エンジンブレーキ**を活用します。

 図は「**T形道路交差点あり**」の標識ですが、**通行できないわけではありません**。

 駐車禁止の場所では、右側の余地に関係なく**駐車**してはいけません。

 他の車の有無に関係なく、**合図**をしなければなりません。

 前照灯を**上向き**にするか**点滅**させて、**自車の接近**を知らせるようにします。

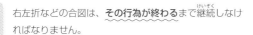 右左折などの合図は、**その行為が終わる**まで継続しなければなりません。

 Aは「**始まり**」、BとCは「**終わり**」を表します。

意味を間違いやすい警戒標識

● T形道路交差点あり

黄

この先にT形道路の交差点があることを表す。**行き止まり**を意味するものではない。

● 学校、幼稚園、保育所等あり

黄

この先に**学校、幼稚園、保育所**などがあることを表す。図柄が似ている指示標識の「**横断歩道**」との混同に注意。

● 幅員減少

黄

この先の道路の**幅が狭くなる**ことを表す。車線数が減少する「**車線数減少**」の標識と間違えないこと。

● 道路工事中

黄

この先の道路が**工事中**であることを表す。**通行禁止**の意味はない。

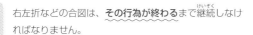

ジャンル別問題

本試験テスト 一問一答

本試験テスト 本試験型

第3回

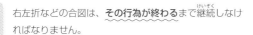

問 23 □ □ 停車とは、駐車にあたらない短時間の車の停止をいう。

問 24 □ □ 二輪車を運転するときの乗車姿勢は、ステップに土踏まずを乗せて足の裏が水平になるようにし、足先はまっすぐ前方に向け、ひじをわずかに曲げる。

問 25 □ □ 前車を追い越して左に進路を変えるときは、左側の方向指示器を操作し、前車の前方に出たらすぐに左に進路を変える。

問 26 □ □ 右の標識がある区間内の見通しのきかない交差点、道路の曲がり角、上り坂の頂上を通行するときは、警音器を鳴らさなければならない。

問 27 □ □ 車両通行帯がある道路では、あいている通行帯に移りながら通行することが、交通の円滑と危険防止になる。

問 28 □ □ 歩道や路側帯を横切るときは、歩行者のいる、いないにかかわらず、徐行しなければならない。

問 29 □ □ 警察官から停止を命じられたが、その場所が駐停車禁止場所であったので停止しなかった。

問 30 □ □ 初心者マークを付けた車を追い越そうとしたとき、対向車がはみ出してきたので、衝突を避けるためやむを得ず割り込んだ。

問 31 □ □ 右の標識があるところでは、車の横断が禁止されているが、道路外に出入りするための左折を伴う横断はすることができる。

問 32 □ □ どんな自動車保険であっても、その加入はあくまで運転者の任意である。

問 33 □ □ トンネルから出るときは、横風が強く吹いている場合があるので、速度を落として注意して走行する。

問 34 □ □ 道路に平行して駐停車している車の右側に停車することはできるが、駐車は禁止されている。

停車は、車から**離れずに**、また離れてもすぐ**運転できる**状態の停止をいいます。

二輪車は、設問のような**乗車姿勢**で運転します。

追い越した車の前に**十分出て**から、ゆるやかに**左**へ進路を変えます。

警笛区間内の設問のような場所では、**警音器**を鳴らさなければなりません。

通行帯があいているからといって、**みだりに進路変更を**してはいけません。

歩道や路側帯を横切るときは、その直前で**一時停止**しなければなりません。

警察官の指示に従って**停止**しなければなりません。

衝突を避けるために**やむを得ない**ときは、割り込んでもかまいません。

「**車両横断禁止**」の標識があるところでも、**左**折を伴う横断は禁止されていません。

自賠責保険や**責任共済**の強制保険には、必ず加入しなければなりません。

トンネルから出るときは、**速度を落として**注意して走行します。

道路に平行して駐停車している車の右側には、**駐停車**してはいけません。

標識で指定された警音器を鳴らす場所

❶ 「警笛鳴らせ」の標識がある場所

❷ 「警笛区間」の標識がある区間内の、見通しのきかない交差点、道路の曲がり角、上り坂の頂上

| 問 35 | ☐ ☐ | 警察官が交差点内で灯火を頭上に上げている場合は、どの方向の交通もすべて信号機の赤色の灯火信号と同じである。 |

| 問 36 | ☐ ☐ | 右の標示があるところでは、車は矢印の方向に進路を変更してはならない。 |

黄 ——
中央線

| 問 37 | ☐ ☐ | 二段階の方法で右折する原動機付自転車は、右折する場所へ直進するまで、右へ方向指示器を出さなければならない。 |

| 問 38 | ☐ ☐ | 児童などが乗降中の通学・通園バスのそばを通るときは、徐行しなければならない。 |

| 問 39 | ☐ ☐ | 踏切とその端から前後10メートル以内の場所は、駐車はもちろん停車も禁止されている。 |

| 問 40 | ☐ ☐ | 右の標識がある道路では、普通乗用自動車の通行だけを禁止している。 |

| 問 41 | ☐ ☐ | 交差点付近の横断歩道がない道路を横断している歩行者に対しては、車のほうが優先する。 |

| 問 42 | ☐ ☐ | がけから転落するおそれがある道路で行き違うときは、がけ側でないほうの車が止まって待つべきである。 |

| 問 43 | ☐ ☐ | 交差点で左折するとき、バックミラーと目視で後方や左側方の安全を確認すれば、左側端から離れて大回りしてもよい。 |

| 問 44 | ☐ ☐ | 右のマークを付けている車に対しては、追い抜きや追い越しをしてはならない。 |

| 問 45 | ☐ ☐ | 交差点付近を指定通行区分に従って通行しているときは、緊急自動車が接近してきても進路を譲る必要はない。 |

| 問 46 | ☐ ☐ | エンジンブレーキの制動効果は、低速ギアより高速ギアのほうが高い。 |

対面する交通は信号機の**赤色**の灯火、平行する交通は信号機の**黄色**の灯火信号と同じ意味です。

 黄色の線の側からはできませんが、**矢印の方向**からは進路変更ができます。

 右折する場所へ**直進する**まで、右へ方向指示器を出します。

 児童などが横断してくるおそれがあるので、**徐行**して安全を確かめなければなりません。

 踏切とその端から前後 10 メートル以内は、**駐停車禁止場所**です。

 図は「**二輪の自動車以外の自動車通行止め**」を表し、**二輪の自動車**以外の自動車は通行禁止です。

 交差点付近の横断歩道がない道路でも、**横断する歩行者**の通行を 妨 げてはいけません。

 危険な**がけ**側の車が止まり、対向車に道を譲ってから安全に通行します。

 左側端から離れて大回りすると、**対向車に 衝 突する**危険があります。

 「**身体 障 害者マーク**」を付けた車に対する追い抜きや追い越しは、とくに**禁止**されていません。

 通行区分から出て、緊急自動車に進路を譲らなければなりません。

 エンジンブレーキは、低速ギアのほうが制動効果は**高く**なります。

通行止めの意味がある標識の種類

●通行止め

車、路面電車、歩行者のすべてが通行できない。

●車両通行止め

車（自動車、原動機付自転車、軽車両 ）は通行できない。

●二輪の自動車、原動機付自転車通行止め

二輪の自動車と原動機付自転車は通行できない。

原付を除く

二輪の自動車は通行できない。

●二輪の自動車以外の自動車通行止め

二輪の自動車（大型自動二輪車、普通自動二輪車）以外の自動車は通行できない。

問47 夜間、交差点を右折するため時速10キロメートルまで減速しました。どのようなことに注意して運転しますか？

(1) ☐ ☐ 自転車は右側の横断歩道を横断すると思われるので、交差点の中心付近で一時停止して、その通過を待つ。

(2) ☐ ☐ 対向車のかげで前方の状況がよくわからないので、対向車のかげから二輪車などが出てこないか、少し前に出て一時停止して安全を確認する。

(3) ☐ ☐ 右側の横断歩道は自分の車が照らす前照灯の範囲の外なので、その全部をよく確認する。

問48 踏切の直前を時速5キロメートルで進行しています。踏切を通過するときは、どのようなことに注意して運転しますか？

(1) ☐ ☐ 歩行者や自転車の横でトラックと行き違うと危険なので、停止位置で停止して、トラックが通過してから発進する。

(2) ☐ ☐ 遮断機が上がっていて電車はすぐにはこないと思うので、左右の安全を確かめずに急いで踏切を通過する。

(3) ☐ ☐ 歩行者や自転車が進路の前方に出てくるかもしれないので、停止位置で停止して、その動きに注意して進行する。

答47

危険1

自転車が横断してきて、衝突するか
もしれない！

危険2

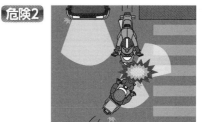

対向車のかげから二輪車が出てき
て、衝突するかもしれない！

(1) ○ 自転車が横断するため、**一時停止して**通過を待ちます。

(2) ○ 二輪車などの飛び出しに備え、**一時停止**して安全を確かめます。

(3) ○ **ライトの照らす範囲外**にも目を向けて、安全を確かめます。

答48

危険1

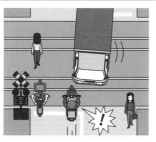

トラックは歩行者を避けるため、自
車の前方に出てくるかもしれない！

危険2

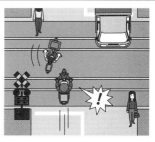

自転車が急に自車の前に出てくるか
もしれない！

(1) **停止位置で停止**して発進するタイミングを遅らせ、トラックが通過してから発進します。

(2) ✕ 遮断機が上がっていても、**左右の安全を確認**しなければなりません。

(3) ○ 歩行者や自転車が**進路の前方に出てくる**危険を予測します。

本試験
─対策─

本試験テスト
一問一答
第**4**回

次の48問について、正しいものには「○」、誤っているものには「×」と答えなさい。配点は、問1〜46が各1点、問47・48が各2点（3問すべて正解の場合）。

問1 ☐ ☐ 横断歩道の直前で止まっている車があるときは、そのそばを通って前方に出る前に一時停止しなければならない。

問2 ☐ ☐ 携帯電話は、突然かかってくるとベルの音に気をとられて運転を誤り、事故につながることが多いので、運転中は使用しない。

問3 ☐ ☐ 道路に面した車庫に入るために歩道を横切るときは、その直前で一時停止しなければならない。

問4 ☐ ☐ 右の標示は、車が駐車や停車ができない場所であることを表している。

問5 ☐ ☐ 二輪車でカーブを曲がるとき、車体を傾けると転倒したり横滑りしやすいので、できるだけ車体を傾けずにハンドルを切るほうが安全である。

黄

問6 ☐ ☐ 「仮免許練習標識」を付けている車への幅寄せや割り込みは禁止されているが、「高齢運転者標識」を付けている車に対しては、とくに禁止されていない。

問7 ☐ ☐ トンネルの中であっても、車両通行帯があるときは、駐車や停車をすることができる。

問8 ☐ ☐ 右の標示がある道路では、A・Bどちらを通行する車とも、追い越しのために中央線をはみ出して通行してはならない。

問9 ☐ ☐ 最高速度の標識は規制標識であり、停止禁止部分の標示は指示標示である。

黄一

B

A

中央線

問10 ☐ ☐ 運転中は、目を広く見渡すように動かすと注意力が散漫になるので、できるだけ一点を見つめて運転したほうがよい。

正解・解説部分に を当てながら解いていこう。

間違ったら、問横の □ をチェックして、再度チャレンジ！

 答1 ○　停止車両の前方に出る前に**一時停止**して、安全を確かめなければなりません。

 答2 ○　運転中の**携帯電話の通話**などは非常に危険です。

答3 ○　歩道を横切るときは、その直前で**一時停止**しなければなりません。

答4 ○　黄色の実線のペイントは、**駐停車禁止**を表します。

 答5 ✕　カーブでは、ハンドルを**切る**のではなく、車体を**傾けて**自然に曲がる要領で行います。

 答6 ✕　「高齢運転者標識」を付けている車に対しても、幅寄せや割り込みは**禁止**されています。

 答7 ✕　**車両通行帯の有無**にかかわらず、トンネル内での駐停車は禁止されています。

 答8 ✕　はみ出し追い越しができないのは、**黄色の線があるB方向の車**だけです。

 答9 ✕　停止禁止部分の標示は、**指示**標示ではなく**規制**標示です。

 答10 ✕　**一点だけ**を見つめないで、**広く目を配り**、多くの情報をとらえます。

原動機付自転車の通行禁止場所の例外

歩道や**路側帯**は通行できないが、道路に面した場所に出入りするときは、その直前で**一時停止**して**横切る**ことができる。

歩行者用道路は通行できないが、とくに通行を認められた車は、**徐行**して通行することができる。

軌道敷内は通行できないが、やむを得ない場合や、**右左折・横断・転回**するときは通行することができる。

問11 ☐ ☐ 児童の乗り降りのために停止している通学バスの側方を通過するときは、バスとの間に1メートルの間隔をとれば徐行しなくてもよい。

問12 ☐ ☐ 右の標識は「中央線」を表し、必ず道路の中央に設けられている。

中央線 ↓

問13 ☐ ☐ 交差点で通行方向別通行区分に従って通行しているときは、緊急自動車が接近してきても、進路を譲らなくてもよい。

問14 ☐ ☐ 所用のため車から離れてすぐに運転できない状態であっても、短時間で戻ることができれば、駐停車禁止場所に車を止めることができる。

問15 ☐ ☐ 自分で「酔っていない」と思う程度の少量なら、酒を飲んで車を運転してもよい。

問16 ☐ ☐ 右の標識は、この先に押しボタン式の信号機があることを表している。

黄

問17 ☐ ☐ 前車を追い越そうとしたところ、前車がそれに気づかず右に進路を変えようとしたので、危険を感じて警音器を鳴らした。

問18 ☐ ☐ 坂道で行き違うとき、近くに待避所があっても、つねに上りの車が優先する。

問19 ☐ ☐ 安全な車間距離は、速度が同じであっても、天候、路面、タイヤの状態、荷物の重さなどによって違ってくる。

問20 ☐ ☐ 右の標識がある道路は、車では通行できないが、歩行者は通行することができる。

通行止

問21 ☐ ☐ 駐車禁止の場所で車を止め、運転者が車から離れても、5分以内に戻れば駐車違反にならない。

問22 ☐ ☐ エンジンブレーキは緊急時だけに使い、下り坂では使うべきではない。

通学バスとの側方に 1 メートルの間隔をとれても、**徐行**して安全を確かめなければなりません。

図は「**中央線**」の標識ですが、必ずしも**道路の中央**に設けられているとは限りません。

指定通行区分から出て**左**に寄り、**一時停止**して譲らなければなりません。

設問の場合は**駐車**に該当するので、駐停車禁止場所に**車を止めて**はいけません。

たとえ少量でも、酒を飲んだときは**運転**してはいけません。

図は「**信号機あり**」の標識ですが、**押しボタン式の信号**であるとは限りません。

危険を避けるために**やむを得ない**場合は、警音器を鳴らすことができます。

上り下りに関係なく、**待避所がある側**の車がそこに入って進路を譲ります。

設問のような状態を考えて、**安全な車間距離**を保たなければなりません。

図は「**通行止め**」の標識で、歩行者、車、路面電車のすべてが**通行**できません。

車から離れてすぐに運転できない状態は時間に関係なく**駐車**になり、駐車禁止の場所には止められません。

下り坂では、**エンジンブレーキ**を主に使うようにします。

駐車になる場合
●車の継続的な停止

客待ち、荷待ち。

5分を超える荷物の積みおろしのための停止。

停車になる場合
●駐車以外の短時間の停止

5分以内の荷物の積みおろしのための停止。

人の乗り降りのための停止。

問23 □ □ 進路変更や転回などの合図は、その行為が終わって30メートル走行後にやめなければならない。

問24 □ □ 小型特殊自動車を除く自動車は、左折するときや工事などでやむを得ないときを除き、右の標識がある通行帯を通行することができない。

問25 □ □ 踏切とその端から前後10メートル以内は駐停車禁止だが、人の乗り降りのためであれば停止することができる。

問26 □ □ 白線1本の路側帯の設けられている場所で駐停車するときは、左側に0.75メートル以上の余地をあければ、路側帯の中へ入って駐停車することができる。

問27 □ □ 車は、道路状態や他の交通に関係なく、道路の中央から右の部分にはみ出して通行してはならない。

問28 □ □ 右の標示は「横断歩道」を表し、歩行者が交差点を渡るとき、斜めに横断してはならないことを示している。

問29 □ □ 交差点で衝突事故を起こしたが、身動きができなかったので、周囲の人に救急車の手配を要請した。

問30 □ □ 進路が渋滞しており、そのまま進むと交差点内で停止するおそれがあるときは、たとえ青信号でも交差点の手前で停止していなければならない。

問31 □ □ 原動機付自転車を運転するときは、自分本位でなく歩行者や他の運転者の立場も尊重し、譲り合いと思いやりの気持ちをもつことが大切である。

問32 □ □ 右の信号に対面した車は、右折することはできるが転回することはできない（二段階右折の原動機付自転車と軽車両を除く）。

問33 □ □ 二輪車に乗るときのヘルメットは、PS(c)マークかJISマークの付いた安全なものを選ぶとよい。

問34 □ □ 警察官が交差点で両腕を垂直に上げる手信号をした場合、その身体の正面に平行する交通は、原則として交差点の直前で停止しなければならない。

これらの行為が終わったら、**すみやかに合図をやめなけ**ればなりません。

 小型特殊自動車を除く自動車は、原則として**路線バス等の専用通行帯**を通行できません。

 設問の場所では、たとえ人の乗り降りのためでも**停止**できません。

 左側に **0.75** メートル以上の余地をあければ、路側帯の中へ入って**駐停車**できます。

 工事など左側部分を通行できないときなどは、右側部分に**はみ出して**通行できます。

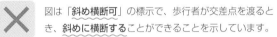 図は「斜め横断可」の標示で、歩行者が交差点を渡るとき、**斜めに横断する**ことができることを示しています。

 動けないときは、周囲の人に**救急車の手配**を要請します。

 青信号であっても、交差点内で**停止する**おそれがあるときは、**交差点に進入**してはいけません。

 譲り合いと思いやりの気持ちで運転することが安全運転につながります。

 設問の信号では、車は**右折**と**転回**をすることができます。

 PS(c)マークか **JIS** マークの付いた安全なもので、自分の**頭の大きさ**に合ったものを選びましょう。

 設問の場合は、**黄色の灯火**信号と同じ意味を表します。

路線バス等の専用通行帯・優先通行帯

●専用通行帯

小型特殊自動車、原動機付自転車、軽車両は通行できる。**指定された車**以外の車は、右左折や工事などでやむを得ない場合を除き、通行できない。

●優先通行帯

道路の左側に寄る

指定された車以外の車も通行できる。ただし、路線バス等が近づいてきたら、原動機付自転車と軽車両は道路の左側に寄り、**小型特殊自動車**以外の自動車は、すみやかに他の通行帯に出る。

ジャンル別問題

本試験テスト 一問一答

本試験テスト 本試験型

第4回

問 35 □ □ 夜間、見通しの悪い交差点や曲がり角付近では、前照灯を上向きにしたり点滅させたりして他の車や歩行者に接近を知らせれば、徐行する必要はない。

問 36 □ □ 右の標識は、前方に橋があることを示しているので、早めに道路の中央に出て走行する。

黄

問 37 □ □ 交通整理の行われていない交差点で、狭い道路から広い道路に入るときは、徐行をして、広い道路を通行する車の進行を妨げないようにする。

問 38 □ □ 霧が発生したときは、危険を防止するため、必要に応じて警音器を使用するとよい。

問 39 □ □ 長距離運転するときは、自分に合った運転計画を立て、あらかじめ所要時間や休憩場所についても計画に入れておく。

問 40 □ □ 右の標識がある道路は、原動機付自転車、自動二輪車ともに通行することができない。

問 41 □ □ 原動機付自転車は他の車から見えにくいので、車両通行帯のあるところでは、2つの通行帯にまたがって進路を変えながら通行したほうが安全である。

問 42 □ □ 道路の左端や信号機に、白地に青色の左向きの矢印の標示板があるときは、車は前方の信号が赤色や黄色であっても、歩行者などまわりの交通に注意しながら左折することができる。

問 43 □ □ 法令によって停止または徐行している車に追いついたときは、前方に割り込んではならないが、その前方を横切るのはよい。

問 44 □ □ 右の標識があるところでは、原動機付自転車は軌道敷内を通行することができる。

問 45 □ □ 停留所で止まっているバスの側方を通過するときは、「ひょっとしたら人が出てくるかもしれない」と予測することが必要である。

問 46 □ □ 車を追い越そうとするときは、原則として前車の右側を通行しなければならない。

見通しの悪い交差点や曲がり角付近では、**徐行**しなければなりません。

 図は「**幅員減少**」の標識であり、道路が**狭くなる**ことを表します。

 狭い道路を通行している車は、**徐行**をして、**広い**道路を通行する車の進行を妨げないようにします。

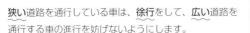 危険防止のため、必要に応じて**警音器を使用**することができます。

 自分に合った**運転計画を立てる**ことが、安全運転のためには大切です。

 図は「**二輪の自動車、原動機付自転車通行止め**」を表し、**原動機付自転車**も**自動二輪車**も通行できません。

 原動機付自転車でも、**2つの通行帯にまたがって**通行してはいけません。

 「**左折可**」の標示板がある道路では、前方の信号が赤色や黄色でも、まわりの交通に注意して**左折**できます。

 その前方に**割り込んだ**り、その前方を**横切った**りしてはいけません。

 設問の標識は「**軌道敷内通行可**」を表し、**自動車**は通行できますが、**原動機付自転車**は通行できません。

 バスの前後を**歩行者が横断する**ことを予測して運転します。

 追い越しをするときは、前車の**右側**を通行するのが原則です。

原動機付自転車を運転するときの心得

１

携帯電話を手に持って使用しながら運転してはいけない。

２

運転中に携帯電話の着信音が鳴ると気をとられて**危険**なので、事前に**呼出音**が鳴らないようにしておく。

３

あらかじめ、**コース、所要時間、休息場所**などの**運転計画を立てる**。

４

長時間にわたって運転するときは、**2時間に1回は休息をとり**、疲労を回復させてから運転する。

問 47 時速30キロメートルで進行しています。交差点を通過するときは、どのようなことに注意して運転しますか？

(1) ☐ ☐ 左側の車が先に交差点に入ってくるかもしれないので、その前に加速して通過する。

(2) ☐ ☐ 対向する二輪車が先に右折するかもしれないので、前照灯を点滅し、そのまま進行する。

(3) ☐ ☐ 左側の車は、自車が通過するまで止まっているはずなので、加速して通過する。

問 48 時速30キロメートルで進行しています。交差点を直進するときは、どのようなことに注意して運転しますか？

(1) ☐ ☐ 交差点の右側に車が見えるので、用心のためアクセルを戻して進行する。

(2) ☐ ☐ 前方が広く十分あいているので、安心して速度を上げることができる。

(3) ☐ ☐ 交差道路の車がそのまま交差点内に進行すると、対向車はその車を避けるために中央線を越えてくるので、道路の左端に寄って、減速して進行する。

ジャンル別問題

本試験テスト
一問一答

本試験テスト
本試験型

第4回

対向する二輪車が先に右折して、衝突するかもしれない！

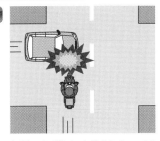

左側の車が先に交差点に入ってきて、衝突するかもしれない！

(1) 二輪車が**先に右折してくる**おそれがあるので、加速して通過するのは**危険**です。

(2) 二輪車は、前照灯を点滅しても**停止する**とは限りません。

(3) 左側の車は、自車に気づかず、**交差点に入ってくる**おそれがあります。

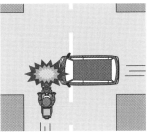

右側の車は、先に交差点を通過するかもしれない！

対向車は、急に交差点を右折するかもしれない！

(1) **アクセル**を戻し、**右側の車の動き**に注意して進行します。

(2) **対向車**や**右側の車**などに注意し、**速度を落として**進行します。

(3) **対向車の動向**に注意して、道路の**左端**に寄り、**減速**して進行します。

次の 48 問について、正しいものには「○」、誤っているものには「×」と答えなさい。配点は、問 1 〜 46 が各 1 点、問 47・48 が各 2 点（3 問すべて正解の場合）。

問 1 □ □ 進路変更禁止の道路標示があっても、交通量が少ないときは、進路を変更してもよい。

問 2 □ □ 後輪が右に横滑りを始めたときは、アクセルをゆるめると同時に、ハンドルを右に切って車体を立て直す。

問 3 □ □ 軽車両は、右の路側帯を通行することができる。

路側帯　車道

問 4 □ □ 車が衝突するときの運動エネルギーは、速度を半分に落とせば、おおむね 4 分の 1 になる。

問 5 □ □ 盲導犬を連れて歩いている人がいたので、注意を促すために警音器を鳴らし、徐行して通行した。

問 6 □ □ 右の標示は、車両の通行禁止部分を意味する。

問 7 □ □ 交通事故が起きたときは、運転者は事故が発生した場所、負傷者数や負傷の程度、物の損壊程度、事故車両の積載物などを警察官に報告し、指示を受ける。

問 8 □ □ 車は原則として軌道敷内を通行できないが、右折や横断などのときは横切ってもよい。

問 9 □ □ 安全地帯に人がいない場合、その側方を通過するときは、徐行しなくてもよい。

問 10 □ □ 携帯電話は、運転する前に電源を切るかドライブモードに設定して、呼出音が鳴らないようにしておく。

正解・解説部分に を当てながら解いていこう。
間違ったら、問横の □ をチェックして、再度チャレンジ！

 合格点 **45**点以上
目安の時間 **45**分

 答 1 ✕
進路変更が禁止されている道路では、**他の交通**の有無に関係なく、**進路変更**をしてはいけません。

答 2 ◯
後輪が滑った方向にハンドルを切って、車の向きを立て直します。

答 3 ◯
図は「**駐停車禁止路側帯**」を表し、自転車などの軽車両は**通行**できます。

答 4 ◯
衝撃力（しょうげきりょく）は、おおむね速度の**2**乗に比例するので、速度を半分に落とせば**4**分の**1**になります。

答 5 ✕
注意を促すために警音器を鳴らしてはいけません。

答 6 ✕
図は「**停止禁止部分**」の標示で、**通行**はできますが、この中で**停止**してはならないことを意味します。

答 7 ◯
交通事故が起きたときは、**警察官**に届け出て、指示を受けなければなりません。

答 8 ◯
右折や**横断**などのときは、軌道敷内を**横切る**ことができます。

答 9 ◯
安全地帯に**人がいない場合**は、徐行の必要はありません。

答 10 ◯
運転に集中できなくなるので、あらかじめ**電源を切る**か、**呼出音**が鳴らないようにしておきます。

路側帯の種類と意味

●路側帯

歩行者と**軽車両**が通行できる。幅が **0.75** メートルを超える場合のみ、中に入って**駐停車**できる（左側に **0.75** メートル以上の余地を残す）。

●駐停車禁止路側帯

歩行者と**軽車両**が通行できる。幅が広い場合でも、中に入って**駐停車**できない。

●歩行者用路側帯

歩行者だけが通行でき、**軽車両**も通行できない。幅が広い場合でも、中に入って**駐停車**できない。

問11	□ □	右の標示は「左折の方法」を表し、車は矢印に従い、左折後に通行する車両通行帯に入ることを示している。
問12	□ □	二輪車を運転するときは、衣服が風雨にさらされて汚れやすいので、なるべく黒く目立たない服装がよい。
問13	□ □	トンネルの中は、車両通行帯の有無に関係なく、追い越しが禁止されている。
問14	□ □	右の標識は、安全地帯であることを表している。
問15	□ □	坂道で行き違うとき、上り側のほうに待避所があったが、上りが優先するので待避所に入らないで進行した。
問16	□ □	交通整理の行われていない交差点で右折する原動機付自転車は、原則として自動車と同じ方法で右折しなければならない。
問17	□ □	長時間運転するときは、4時間に1回ぐらい休息をとるのがよい。
問18	□ □	右の標識は、この先に児童などが横断する横断歩道があることを表している。
問19	□ □	駐車禁止の道路であっても、荷物の積みおろしのため運転者がすぐに運転でき、5分を超えないときは、車を止めることができる。
問20	□ □	夜間、交通量の多い市街地の道路では、前照灯を上向きにして、前方をよく注意して通行する。
問21	□ □	環状交差点を左折、右折、直進、転回しようとするときは、あらかじめできるだけ道路の左端に寄り、環状交差点の側端に沿って徐行しながら通行する。
問22	□ □	右の標識は、「優先道路」を表している。

黄

78

答11 ○ 図は「左折の方法」の標示で、車は**矢印**に従い、**左折後**に通行する車両通行帯に入ります。

 答12 × **視認性を高める**ため、なるべく目につきやすい**明るい色**の服装で運転しましょう。

 答13 × トンネルの中は、**車両通行帯のない**ときに限って追い越し禁止です。

 答14 ○ 設問の「**安全地帯**」は**歩行者**のための敷地なので、**車**は入ってはいけません。

 答15 × **上り下り**に関係なく、**待避所がある**ほうの車がそこに入って進路を譲ります。

 答16 ○ 交通整理の行われていない交差点では、**小回り**の方法で右折します。

 答17 × 長時間運転するときは、**2**時間に**1**回ぐらい休息をとります。

 答18 × 設問の標識は、この先に、**学校**、**幼稚園**、**保育所**などがあることを示しています。

 答19 ○ 運転者がすぐに運転できる**5**分以内の荷物の積みおろしのための停止は、**駐車**ではなく**停車**になります。

 答20 × 他の交通に**迷惑**をかけるので、前照灯を**下向き**に切り替えて走行します。

 答21 ○ あらかじめできるだけ道路の**左端**に寄り、環状交差点の**側端に沿って徐行**しながら通行します。

 答22 ○ 設問の標識がある道路が**優先道路**であることを表します。

環状交差点の通行方法

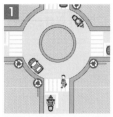

環状交差点は、車両が通行する部分が**環状（円形）**の交差点で、標識などで車両が**右回り**に通行することが指定されている。

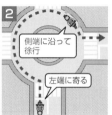

右左折、直進、転回しようとするときは、あらかじめできるだけ道路の**左**端に寄り、環状交差点の**側端に沿って徐行**しながら通行する（標示などで通行方法が指定されているときはそれに従う）。

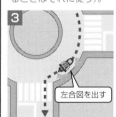

環状交差点から出るときは、出ようとする地点の**直前の出口の側方**を通過したとき（入った直後の出口を出る場合は、その**環状交差点に入ったと**き）に左側の合図を出す（環状交差点に**入る**ときは合図を行わない）。

79

| 問 23 | ☐ ☐ | 停留所で止まっている路線バスが発進の合図をしたとき、後方の車は、急ブレーキや急ハンドルで避けなければならない場合を除き、その発進を妨げてはならない。 |

| 問 24 | ☐ ☐ | 運転中は一点を注視しないで、前方を広く見渡すような目の配り方がよい。 |

| 問 25 | ☐ ☐ | 前車を追い越そうとして安全を確認したところ、後車が自車を追い越そうとしていたので、前車を追い越すのを中止した。 |

| 問 26 | ☐ ☐ | 右の標識がある場所では、車は路端に対して直角に駐車しなければならない。 |

| 問 27 | ☐ ☐ | 「身体障害者標識」や「聴覚障害者標識」を付けている車を追い越したり追い抜いたりすることは、禁止されている。 |

| 問 28 | ☐ ☐ | 徐行しようとするときと、停止しようとするときの手による合図の方法は同じである。 |

| 問 29 | ☐ ☐ | 交差点で警察官が右図のような手信号をしているとき、身体の正面に平行する方向の交通は、黄色の灯火と同じである。 |

| 問 30 | ☐ ☐ | 原動機付自転車は、自賠責保険か責任共済に加入しなくてよい。 |

| 問 31 | ☐ ☐ | 道路に面した場所に出入りするため歩道や路側帯を横切る場合、人がいないときは、必ずしも一時停止の必要はない。 |

| 問 32 | ☐ ☐ | 右の標示がある場所であっても、緊急自動車が近づいてきたときや道路工事などでやむを得ない場合は、他の通行帯を通行することができる。 |

| 問 33 | ☐ ☐ | これから運転しようとする人に、酒類を出したり勧めたりしてはならない。 |

| 問 34 | ☐ ☐ | 警察官が信号機の信号と異なった手信号をしたので、信号機の信号に従った。 |

路線バスが発進の合図をしたときは、原則として**その発進を妨げ**てはいけません。

 一点を注視すると危険なので、**前方を広く見渡す**ように目を配ります。

 後車が自車を追い越そうとしているときは、**追い越しを始めて**はいけません。

 図は「**直角駐車**」を表し、**路端**に対して**直角**に駐車しなければなりません。

 幅寄せや**割り込み**は禁止されていますが、**追い越しや追い抜き**は禁止されていません。

 徐行と停止の手による合図の方法は**同じ**で、腕を**斜め下**に伸ばします。

 警察官の身体の正面に平行する方向の交通については、**黄色の灯火信号**と同じ意味を表します。

 原動機付自転車でも、**強制**保険（自賠責保険または責任共済）には**必ず加入**しなければなりません。

 人の有無にかかわらず、必ず**一時停止**しなければなりません。

 設問のような場合は、**通行区分に従う**必要はありません。

 飲酒運転を助長するような行為は、してはいけません。

 設問のような場合は、**警察官の手信号**に従わなければなりません。

警察官などの手信号・灯火信号の意味

❶ 腕を水平に上げている

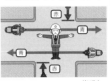

身体の正面に対面（背面）
➡赤色の灯火信号と同じ
身体の正面に平行
➡青色の灯火信号と同じ

❷ 腕を頭上に上げている

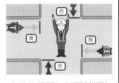

身体の正面に対面（背面）
➡赤色の灯火信号と同じ
身体の正面に平行
➡黄色の灯火信号と同じ

❸ 灯火を横に振っている

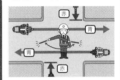

身体の正面に対面（背面）
➡赤色の灯火信号と同じ
身体の正面に平行
➡青色の灯火信号と同じ

❹ 灯火を頭上に上げている

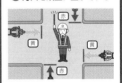

身体の正面に対面（背面）
➡赤色の灯火信号と同じ
身体の正面に平行
➡黄色の灯火信号と同じ

問35 □ □ 二輪車でカーブを走行するとき、クラッチを切ったり、ギアをニュートラルに変えるのは危険である。

問36 □ □ カーブの半径が大きいほど、遠心力は大きくなる。

問37 □ □ 右の標識がある場所では、追い越しのために進路を変えただけでも違反である。

追越し禁止

問38 □ □ 踏切に近づいたとき、表示する信号が青色であったので、安全を確かめ、停止せずに通過した。

問39 □ □ 二輪車を運転するときの服装は、身体の露出が多いと疲労しやすく、転倒したときの被害が大きくなるので、身体の露出が少ないもののほうがよい。

問40 □ □ 白色や黄色のつえを持って通行している人がいるときは、一時停止するか徐行しなければならない。

問41 □ □ 右の標識がある道路は、原動機付自転車も通行することができる。

問42 □ □ 横断歩道は、横断する人がいないことが明らかな場合であっても、横断歩道の直前でいつでも停止できるように減速して進むべきである。

問43 □ □ 道路交通法には、交通の安全と円滑を図るという目的もある。

問44 □ □ 交差点とその手前から30メートル以内は、優先道路を通行している場合を除き、追い越し禁止場所に指定されている。

問45 □ □ 右の標示があるところでは、車は転回してはいけない。

問46 □ □ 進路の前方に障害物があるときは、反対方向からくる車より先にその場所を通過するように速度を上げる。

黄

82

答 35 ◯ カーブを走行するときは、ギアを**低速**に入れて**エンジン**ブレーキを活用します。

 答 36 ✕ 遠心力は、カーブの半径が**小さい**ほど大きくなります。

 答 37 ◯ 「**追越し禁止**」の標識がある場所では、追い越しのための**進路変更**も禁止されています。

 答 38 ◯ 踏切の信号が青色のときは、**一時停止**せずに通過することができます。

 答 39 ◯ 疲労や転倒時の被害の**軽減**を考え、身体の**露出の少ない**服装をします。

 答 40 ◯ 設問のような人が通行しているときは、**一時停止**か**徐行**をしなければなりません。

 答 41 ✕ 図は「**自転車および歩行者専用**」を表し、**原動機付自転車**は通行できません。

 答 42 ✕ 明らかに人がいないときは、横断歩道の直前で**減速する**必要はありません。

 答 43 ◯ 交通の安全と円滑を図ることも、道路交通法の**目的の1つ**です。

 答 44 ◯ 設問の場所では、**追い越し**をしてはいけません。

 答 45 ◯ 車は、「**転回禁止**」の標示がある場所で**転回（Uターン）**してはいけません。

答 46 ✕ **障害物のある側**の車が止まるなどして、対向車に道を譲ります。

前方に横断歩道・自転車横断帯があるとき

1

そのまま進行

横断する人や自転車が明らかにいないときは、**そのまま**進める。

2

停止できるような速度

横断する人や自転車がいるかいないか明らかでないときは、その手前で**停止できるように**速度を落として進む。

3

一時停止

人や自転車が横断している、または横断しようとしているときは、停止位置で**一時停止**して道を譲る。

ジャンル別問題

本試験テスト 一問一答

本試験テスト 本試験型

第5回

問47 時速 20 キロメートルで進行しています。どのようなことに注意して運転しますか？

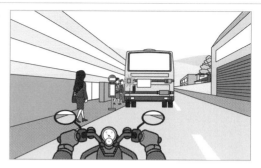

(1) 歩行者がバスのすぐ前を横断するかもしれないので、いつでも止まれるような速度に落として、バスの側方を進行する。

(2) 対向車があるかどうかがバスのかげでよくわからないので、前方の安全をよく確かめてから、中央線を越えて進行する。

(3) バスを降りた人がバスの前を横断するかもしれないので、警音器を鳴らし、いつでもハンドルを右に切れるように注意して進行する。

問48 夜間、時速 20 キロメートルで進行しています。どのようなことに注意して運転しますか？

(1) 歩行者が横断したあと、トラックの側方に対向車がいなければ安心して通過できるので、一気に加速して通過する。

(2) 夜間は視界が悪く歩行者が見えにくくなるので、トラックの後ろで停止して、歩行者が横断し終わるのを確認してから進行する。

(3) 歩行者は自車が通過するのを待ってくれると思うので、このままの速度で進行する。

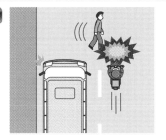

歩行者がバスのすぐ前を横断するか
もしれない！

無理にバスの側方を通過すると、対
向車と衝突するかもしれない！

(1) いつでも止まれるような速度に落とし、急な飛び出しに備えます。

(2) 前方の安全をよく確かめて進行します。

(3) 警音器は鳴らさず、速度を落として進行します。

トラックのかげから歩行者が急に飛
び出してくるかもしれない！

右側の歩行者は、急に道路を横断す
るかもしれない！

(1) トラックのかげから、他の歩行者が出てくるおそれがあります。

(2) 一時停止して、歩行者を安全に通行させます。

(3) 歩行者は、自車の通過を待ってくれるとは限りません。

本試験
―対策―

本試験テスト
一問一答
第6回

次の48問について、正しいものには「○」、誤っているものには「×」と答えなさい。配点は、問1〜46が各1点、問47・48が各2点（3問すべて正解の場合）。

問 1 右折や左折をするときは、必ず徐行しなければならない。

問 2 山道のカーブなどでは、対向車がセンターラインをはみ出して走行してくることを予測した運転が必要である。

問 3 停留所で止まっている路面電車に乗り降りする人がいる場合であっても、安全地帯があるときは徐行して通過してもよい。

問 4 右の標識がある区間内では、見通しのよい交差点であっても、警音器を鳴らさなければならない。

問 5 二輪車に乗るときはヘルメットをかぶらなければならないが、すぐ近くまで買い物に行くときはかぶらなくてもよい。

問 6 灯火がつかない二輪車でも、昼間であれば運転してもかまわない。

問 7 進路を変える変えないにかかわらず、進行中の前車の前方に出ることを追い抜きという。

問 8 右図のような道幅が同じ交差点では、B車はA車の進行を妨げてはならない。

問 9 正面衝突しそうになったとき、道路外が危険な場所でない場合であっても、道路から出てはならない。

問 10 トンネル内は、道幅や車両通行帯の有無に関係なく駐停車禁止である。

正解・解説部分に **赤シート** を当てながら解いていこう。

間違ったら、問横の ☐ をチェックして、再度チャレンジ！

合格点 🛵 45点以上

目安の時間 🕐 45分

ジャンル別問題

本試験テスト 一問一答

本試験テスト 本試験型

第6回

右左折するときは、必ず**徐行**しなければなりません。

カーブでは、対向車の**はみ出し**を予測して運転することが大切です。

安全地帯があれば、路面電車が停止していても**徐行**して進むことができます。

「**警笛区間**」の標識がある場所では、**見通しのきかない**「交差点」「道路の曲がり角」「上り坂の頂上」を通行するときに、警音器を鳴らします。

二輪車に乗るときは、必ず**ヘルメット**をかぶらなければなりません。

昼間でも灯火をつけなければならない場合があるので、**灯火がつかない**二輪車は運転してはいけません。

追い抜きとは、車が**進路を変えず**に進行中の前車の前方に出ることをいいます。

設問の交差点では、**左方**を走行する B 車が優先で、A 車は B 車の進行を妨げてはいけません。

危険な場所でなければ、道路外に**出て**衝突を回避します。

トンネル内は、道幅や**車両通行帯の有無**に関係なく**駐停車禁止場所**です。

交通整理が行われていない交差点の通行方法

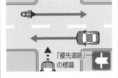

優先道路を通行している車や路面電車の進行を妨げない。「優先道路」の標識がなくても、交差点内まで**中央線**などが引かれた道路は優先道路。

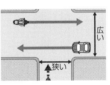

道幅が異なる場合は、幅が**広い**道路を通行している車や路面電車の進行を妨げない。

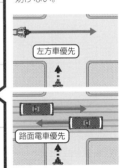

道幅が同じような場合は、**左方**から進行してくる車や、**左右**どちらから来ても路面電車の進行を妨げない。

問11 □□ 二輪車を運転中、四輪車から見える位置にいれば、四輪車から見落とされることはない。

問12 □□ 右の標識がある場所では、追い越しをしてはならない。

黄

問13 □□ 交通整理の行われていない道幅が同じような交差点に、車と路面電車が同時に入った場合は、路面電車が優先する。

問14 □□ 運転免許の停止処分を受けた者がその停止期間中に運転すると、無免許運転になる。

問15 □□ 右の標識がある道路は、左折と直進が禁止されている。

問16 □□ 人の乗り降りのための停止は、5分を超えると駐車になる。

問17 □□ 前方の自動車の運転者が、右腕を車の右側の外に出して水平に伸ばす合図をした場合、その自動車は右折か転回、右への進路変更をしようとしていると考えてよい。

問18 □□ 夜間、交通量の多い市街地の道路などでは、周囲がよく見えるように、前照灯を上向きにして運転したほうがよい。

問19 □□ 右の標識は、動物が飛び出すおそれがあることを示している。

黄

問20 □□ 徐行や停止するときの合図は、徐行や停止しようとする約3秒前に行う。

問21 □□ カーブや曲がり角では、クラッチを切ったりニュートラルのままで走るべきではない。

問22 □□ 警察官が灯火を横に振っている信号で、灯火が振られている方向に進行する交通は、黄色の灯火信号と同じ意味である。

答11 ✕ 四輪車のドライバーが**気づかなければ**、見落とされることがあります。

 答12 ◯ 設問の標識は「**下り急こう配あり**」を表し、**追い越し**が禁止されています。

 答13 ◯ 設問のような交差点では、左右どちらから来ても**路面電車**が優先します。

 答14 ◯ 免許の停止処分中に運転すると、**無免許運転**になります。

 答15 ✕ 図は「**指定方向外進行禁止**」の標識で、**直進**と**左折**はでき、**右折**が禁止です。

 答16 ✕ 人の乗り降りのための停止は、時間に関係なく**停車**になります。

 答17 ◯ 設問の合図は、**右折**か**転回**、または**右**へ進路変更することを表しています。

 答18 ✕ 交通量の多い市街地の道路では、前照灯を**下向き**に切り替えて運転します。

 答19 ◯ 図は、「**動物が飛び出すおそれあり**」を表す警戒標識です。

 答20 ✕ 約3秒前ではなく、**徐行**や**停止**しようとするときに合図をします。

 答21 ◯ クラッチを切ったりニュートラルにすると、**エンジンブレーキ**を活用できません。

 答22 ✕ 灯火が振られている方向に進行する交通は、**青色の灯火**信号と同じです。

追い越し禁止場所

❶「**追越し禁止**」の標識がある場所。
❷道路の**曲がり角**付近。
❸上り坂の**頂上**付近。
❹こう配の急な**下り坂**。
❺車両通行帯がない**トンネル**。
❻**交差点**と、その手前から30メートル以内の場所（**優先道路**を通行している場合を除く）。
❼踏切と、その手前から30メートル以内の場所。
❽横断歩道や自転車横断帯と、その手前から30メートル以内の場所。

注意したいポイント

❶「**追越し禁止**」と「**追越しのための右側部分はみ出し通行禁止**」の標識の意味を間違えない。

追い越し禁止　　はみ出し追い越し禁止

❷こう配の急な**上り坂**は、追い越し禁止場所に指定されていない。

❸車両通行帯があるトンネルでの追い越しは、とくに**禁止**されていない。

中央線

問23 ☐ ☐ 道路の右側部分に入って追い越しをしようとするときは、とくに前方からの交通に十分注意し、少しでも不安があるときは追い越しを始めるべきではない。

問24 ☐ ☐ 右の標示は「停止禁止部分」を表し、車はこの中に入って停止してはならない。

黄

問25 ☐ ☐ 車とは、自動車と原動機付自転車のことをいい、自転車は車に含まれない。

問26 ☐ ☐ 自転車のそばを通るときは、自転車との間に安全な間隔をあけるか、徐行しなければならない。

問27 ☐ ☐ 右の標示に示されている通行帯の時間帯は、原動機付自転車であってもこの通行帯を通行することができない。

問28 ☐ ☐ 二輪車で四輪車の側方を通行しているときは、四輪車の死角に入り、四輪ドライバーに存在を気づかれていないことがあるので、注意が必要である。

問29 ☐ ☐ 車は急に止まれないので、前車との距離や速度を考えて運転しなければならない。

問30 ☐ ☐ 踏切の信号機が青色を表示していても、車は直前で一時停止しなければならない。

問31 ☐ ☐ 右の標識は、この先に路面電車の停留所があることを表している。

黄

問32 ☐ ☐ 交差点にさしかかったときに一時停止の標識があったが、停止線がなかったので、左右の見通しのきくところまでそのまま進行して停止した。

問33 ☐ ☐ 見通しのよい道路の曲がり角付近で対向車がない場合は、追い越しをすることができる。

問34 ☐ ☐ 駐車場や車庫などの出入口から3メートル以内の場所には駐車をしてはならないが、自宅の車庫の出入口であれば駐車することができる。

少しでも不安や危険を感じたときは、**追い越しを始める**べきではありません。

 設問の標示は「**立入り禁止部分**」を表し、車はこの標示の中に**入ってはいけません**。

 自転車や荷車などの軽車両も**車**に含まれます。

 自転車との間に**安全な間隔**をあけるか、**徐行**しなければなりません。

 路線バス等の「**専用通行帯**」は、原動機付自転車、小型特殊自動車、軽車両も通行できます。

 二輪の運転者は、**四輪車の動向**には十分注意が必要です。

 前車との**距離**や**速度**を考えた車間距離を保って、運転しなければなりません。

 踏切にある信号機が青色の場合は、左右の安全を確かめれば、**一時停止**する必要はありません。

 図は「**踏切あり**」の標識で、この先に**踏切**があることを表しています。

 停止線がない場合は、**交差点の直前**で一時停止しなければなりません。

 見通しがよい悪いに関係なく、曲がり角付近は**追い越し禁止**です。

 自宅の車庫の出入口であっても、設問の場所には**駐車**してはいけません。

追い越しが禁止されている場合

前車が**自動車**を追い越そうとしているとき（**二重追い越し**）。

前車が**右折**などのため、**右**側に進路を変えようとしているとき。

右側に入って追い越しをするとき、**対向車の進行**を妨げたり、前車の進行を妨げなければ**左側部分に戻れない**とき。

後車が自車を追い越そうとしているとき。

| 問 35 | ☐ ☐ | 右の標識は中央線を示しているが、中央線は必ずしも道路の中央に引いてあるとは限らない。 | 中央線 |

| 問 36 | ☐ ☐ | 携帯電話を手で操作しながら運転することは、片手運転になるばかりでなく、周囲の交通に対する注意が不十分になり危険であるから禁止されている。 |

| 問 37 | ☐ ☐ | 交差点で事故が起こるのは、運転者や歩行者が信号を守らないことや、他の道路からの交通に気を配らないこととは関係がない。 |

| 問 38 | ☐ ☐ | 盲導犬を連れて歩いている人に近づいたが、立ち止まりそうになったので、そのままの速度でそのそばを通行した。 |

| 問 39 | ☐ ☐ | 右の標示は、前方に交差点があることを表している。 |

| 問 40 | ☐ ☐ | 安全地帯のそばを通るときは、必ず徐行しなければならない。 | |

| 問 41 | ☐ ☐ | 横断歩道や自転車横断帯とその手前30メートルでは、追い越しも追い抜きもしてはならない。 |

| 問 42 | ☐ ☐ | 発進するときは、合図さえすれば、たとえすぐ後方から車が近づいてきても進路を譲ってくれるので、すぐ発進してよい。 |

| 問 43 | ☐ ☐ | 右の標識があるところは、原動機付自転車では通行することができない。 | |

| 問 44 | ☐ ☐ | 車の運転は、認知・判断・操作の繰り返しであるが、このうちどれを怠っても交通事故の原因となる。 |

| 問 45 | ☐ ☐ | 「聴覚障害者マーク」を付けている車に対しては、幅寄せや割り込みをしてはならない。 |

| 問 46 | ☐ ☐ | 交通事故が起きたときは、過失の大きいほうが警察官に届けなければならない。 |

中央線は、必ずしも**道路の中央**に引いてあるとは限りません。

安全な運転操作をするため、運転中は携帯電話を**使用**してはいけません。

信号を正しく守らなかったり、他の交通に気を配らないと、**交通事故**が発生します。

盲導犬を連れた人が安全に通行できるように、**一時停止**か**徐行**をしなければなりません。

設問の標示は、「**横断歩道または自転車横断帯あり**」を表しています。

安全地帯に歩行者がいない場合は、**徐行**する必要はありません。

設問の場所は、追い越しも追い抜きも**禁止**されています。

後方から車が近づいてきているときは、**発進**してはいけません。

図は「**自動車専用**」の標識で、**高速道路**を表し、原動機付自転車は通行できません。

認知・判断・操作を怠ると、**交通事故の危険**が高まります。

聴覚障害者マークを付けている車は**保護する**必要があるため、幅寄せや割り込みが**禁止**されています。

過失の度合いに関係なく、**どちらとも届け出**なければなりません。

歩行者のそばを通るとき

安全な間隔をあけるか、**徐行**しなければならない。

安全地帯に歩行者がいるときは**徐行**、いないときは**そのまま**通れる。

ぬかるみや水たまりがあるときは、**徐行する**など注意して通行する。

93

<table>
<tr><td>問
47</td><td>時速 20 キロメートルで進行しています。歩行者用信号が青の点滅をしている交差点を左折するときは、どのようなことに注意して運転しますか？</td><td></td></tr>
</table>

(1) 　☐☐　後続の車も左折であり、信号が変わる前に左折するため自車との車間距離をつめてくるかもしれないので、すばやく左折する。

(2) 　☐☐　歩行者や自転車が無理に横断するかもしれないので、その前に左折する。

(3) 　☐☐　横断歩道の手前で急に止まると、後続の車に追突されるおそれがあるので、ブレーキを数回に分けてかけながら減速する。

<table>
<tr><td>問
48</td><td>時速 20 キロメートルで進行しています。交差点を直進するときは、どのようなことに注意して運転しますか？</td><td>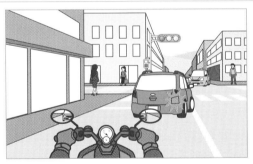</td></tr>
</table>

(1) 　☐☐　前方に右折車がいて進行の妨げになるので、進路を左側にとり、そのままの速度で進行する。

(2) 　☐☐　車のかげに対向する右折車がいて、横断歩道の直前で停止するかもしれないので、急激に速度を落として進行する。

(3) 　☐☐　急激に速度を落とすと後続車に追突されるおそれがあるので、ブレーキを数回に分けてかけ、後続車に注意を促して減速する。

歩行者や自転車が無理に横断してきて、衝突するかもしれない！

急停止すると、後続車に追突されるかもしれない！

(1) 歩行者や自転車が**横断する**おそれがあるので、すばやく左折するのは危険です。

(2) 左折することによって、歩行者や自転車の**横断**を妨げてはいけません。

(3) ブレーキを**数回に分けて**かけ、後続車に注意しながら減速します。

対向車が右折してきて、**自車と衝突**するかもしれない！

急に減速すると、後続車に追突されるかもしれない！

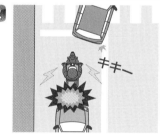

(1) 対向する右折車は、自車に気づかず進行してきて、**衝突する**おそれがあります。

(2) 急激に速度を落とすと、**後続車に追突される**おそれがあります。

(3) 後続車に追突されないようにブレーキを**数回に分けて**かけ、速度を落とします。

本試験テスト
一問一答
第7回

次の 48 問について、正しいものには「○」、誤っているものには「×」と答えなさい。配点は、問 1～46 が各 1 点、問 47・48 が各 2 点（3 問すべて正解の場合）。

問1 ☐ ☐ 見通しの悪い交差点や道路の曲がり角を通行するときは、「警笛鳴らせ」の標識がなくても、警音器を鳴らさなければならない。

問2 ☐ ☐ 二輪車は、車体が大きいほうが安定性が高いので、なるべく大きめのものを選ぶのがよい。

問3 ☐ ☐ 車に働く制動距離や遠心力は、速度が 2 倍になれば、ほぼ 4 倍になる。

問4 ☐ ☐ 発進する場合は、安全を確認してから方向指示器で合図をし、もう一度バックミラーなどで前後・左右の安全を確かめる。

問5 ☐ ☐ 右の標識は、転回禁止の区間が始まることを表している。

問6 ☐ ☐ 交通事故が起きた場合は、事故現場は検証に備えて、警察官が来るまでそのままにしておかなければならない。

問7 ☐ ☐ 原動機付自転車が一方通行の道路から小回りの方法で右折するときは、あらかじめ道路の中央に寄り、交差点の中心の内側を徐行しなければならない。

問8 ☐ ☐ 車を運転して集団で走行する場合は、ジグザグ運転や巻き込み運転など、他の車に危険を生じさせたり迷惑をおよぼすような行為をしてはならない。

問9 ☐ ☐ 右の標示は「停止線」を表し、車が停止する場合の位置であることを示している。

問10 ☐ ☐ 安全地帯の左側とその側端から前後 10 メートル以内の場所では、人の乗り降りの場合であっても、車を止めてはならない。

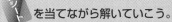

正解・解説部分に 赤シート を当てながら解いていこう。
間違ったら、問横の □ をチェックして、再度チャレンジ！

 ✕　「警笛鳴らせ」の標識がないときは、警音器を鳴らしてはいけません。

 ✕　いきなり大きい二輪車に乗るのは**危険**なので、自分の**体格に合った**車種を選びます。

 ○　遠心力は速度の 2 乗に比例するので、速度が 2 倍になればほぼ **4** 倍になります。

 ○　**前後**・**左右**の安全を確かめてから発進します。

 ✕　設問の標識は始まりではなく、転回禁止区間が「**終わる**」ことを表しています。

 ✕　事故の**続発防止**のため、車を**移動**し、**負傷者を救護**しなければなりません。

 ✕　一方通行の道路では、あらかじめ道路の**右**端に寄って右折します。

 ○　**危険**を生じさせたり、**迷惑**をおよぼすような行為をしてはいけません。

 ○　図は「停止線」の標示で、車が**停止する場合の位置**を示しています。

 ○　設問の場所は**駐停車禁止**で、人の乗り降りであっても車を**止めてはいけません**。

横断・転回の制限

他の交通の正常な進行を**妨**げるおそれがあるときは、横断・転回してはいけない。

標識や**標示**で横断や転回が禁止されているときは、横断・転回してはいけない。

●「車両横断禁止」の標識

●「転回禁止」の標識・標示

97

問11 ☐☐ 警察官が北を向いて腕を垂直に上げているとき、東西の交通は赤色の灯火の信号と同じである。

問12 ☐☐ 雨に濡れた道路を走るときや、重い荷物を積んでいるときは、空走距離と制動距離が長くなる。

問13 ☐☐ 前方の信号機の信号が青色であっても、交通が混雑しているためそのまま進行すると交差点内で止まってしまい、交差道路の交通を妨害するおそれがあるときは、交差点に進入してはならない。

問14 ☐☐ 右の標識があるところは、前進しようとしている車に対して同じような規制効果がある。

問15 ☐☐ 山道のカーブの手前では、速度を落とさなくても、惰力で通過すれば安全である。

問16 ☐☐ 交通整理の行われている片側3車線以上の交差点で原動機付自転車が右折するときは、標識などによる指定がなければ、二段階の方法をとらなければならない。

問17 ☐☐ 同じ距離であっても、小型車は近く、大型車は遠く感じる。

問18 ☐☐ 右の標識は、この先の車線数が減少することを表している。

黄

問19 ☐☐ 追い越しが終わっても、すぐに追い越した車の前に入ってはならない。

問20 ☐☐ 人の乗り降りや5分以内の荷物の積みおろしのための停止は、駐車にはならない。

問21 ☐☐ 夜間、交通量の多い道路では、前方の状況をはっきりさせるため、ライトを上向きにしたほうがよい。

問22 ☐☐ 右の形の標識は、「徐行」か「一時停止」の2種類しかない。

設問のように身体の正面に平行する交通は、**黄色の灯火**と同じ意味です。

 設問の場合、**制動**距離は長くなりますが、**空走**距離は長くなるとは限りません。

 交差点内で**止まってしまう**おそれがあるときは、交差点に**進入**してはいけません。

 左が「**車両進入禁止**」、右が「**車両通行止め**」を表し、ともに**こちら側**からは進めません。

 カーブの手前で速度を十分**落とさなければ**危険です。

 片側３車線以上の交差点では、原動機付自転車は**二段階の方法**で右折しなければなりません。

 小型車は**遠く**、大型車は**近く**感じやすくなります。

 図は「**幅員減少**」を表し、この先の道路の**道幅が狭くなる**ことを示しています。

 追い越した車と**十分な車間距離**をとれるぐらい進んでから進路を戻します。

 駐車にあたらない短時間の車の停止なので、**停車**になります。

 交通量の多い道路では、ライトを**下向き**に切り替えて走行します。

 逆三角形の標識は、「**徐行**」と「**一時停止**」の２種類しかありません。

原動機付自転車の右折方法に関する標識

●二段階

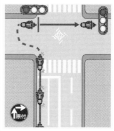

原動機付自転車は、**青信号**に従って交差点の**向こう側**までまっすぐ進み、その地点で停止して向きを変え、対面する信号が**青**になってから進む（**小回り右折禁止**）。

●小回り

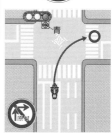

原動機付自転車は、あらかじめできるだけ道路の**中央**（一方通行路では**右端**）に寄り、交差点の中心のすぐ**内側**（一方通行路では**内側**）を徐行しながら通行する（**二段階右折禁止**）。

| 問 23 | ☐ ☐ | 停留所で路線バスが発進の合図をしたとき、後方に続く車は、警音器を鳴らしてすみやかに追い越す。 |

| 問 24 | ☐ ☐ | 二輪車は、げたやサンダルをはいて運転してはならない。 |

| 問 25 | ☐ ☐ | 運転免許は第一種免許、第二種免許、仮免許の3種類に区分され、原付免許は第一種免許に含まれる。 |

| 問 26 | ☐ ☐ | 右の標識がある場所では、道路の右側にはみ出さなければ前車を追い越すことができる。 |

追越し禁止

| 問 27 | ☐ ☐ | 「聴覚障害者標識」を付けて走っている車を、追い越してはならない。 |

| 問 28 | ☐ ☐ | 自転車横断帯とその端から前後10メートル以内では、駐停車をしてはならない。 |

| 問 29 | ☐ ☐ | 盲導犬を連れている人が通行しているときは、一時停止または徐行して、その通行を妨げないようにする。 |

| 問 30 | ☐ ☐ | 徐行や停止をするときの合図は、徐行や停止をしようとするときに行う。 |

| 問 31 | ☐ ☐ | 右の手による合図は、左折か左に進路変更することを表している。 |

| 問 32 | ☐ ☐ | 原動機付自転車を運転する人は、万一に備えて任意保険に加入すべきである。 |

| 問 33 | ☐ ☐ | トンネル内を通行するときは、方向指示器をつけるようにする。 |

| 問 34 | ☐ ☐ | 道路の曲がり角から5メートル以内では、5分以内であれば、荷物の積みおろしのために車を止めてもよい。 |

警音器は鳴らさず、急ブレーキなどで避ける場合以外は、**バスの発進**を妨げてはなりません。

げたや**サンダル**などをはいて、二輪車を運転してはいけません。

免許の区分は設問の**3**種類で、原付免許は**第一種**免許になります。

「**追越し禁止**」の標識のある場所では、はみ出すはみ出さないにかかわらず、**追い越しは禁止**されています。

割り込みや**幅寄せ**は禁止されていますが、**追い越し**はとくに禁止されていません。

10メートル以内ではなく、**5**メートル以内の場所が駐停車禁止場所です。

1人で歩いている子どもや、車いすで通行している人も同様にして**保護**します。

徐行や停止の合図は、**その行為をしようとする**ときに行います。

左腕を水平に伸ばす合図は、**左折**か**左に進路変更**することを表します。

万一のことを考え、**任意**保険にも加入するようにしましょう。

トンネルでは、方向指示器を**つけないで**走行します。

設問の場所は**駐停車禁止**なので、5分以内であっても車を**止めては**いけません。

数字が出てくる駐停車禁止場所

●5メートル

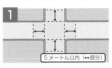
5メートル以内（↔部分）

交差点とその端から**5**メートル以内の場所。

5メートル以内（↔部分）

道路の曲がり角から**5**メートル以内の場所。

5メートル以内（↔部分）

横断歩道や**自転車横断帯**とその端から前後**5**メートル以内の場所。

●10メートル

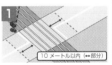
10メートル以内（↔部分）

踏切とその端から前後**10**メートル以内の場所。

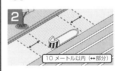
10メートル以内（↔部分）

安全地帯の左側とその前後**10**メートル以内の場所。

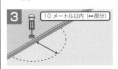
10メートル以内（↔部分）

バスや**路面電車の停留所**（柱）から**10**メートル以内の場所（運行時間のみ）。

問 35	☐ ☐	交差点で横の信号が赤色のときは、対面する前方の信号は必ず青色である。

問 36	☐ ☐	右の標示がある交差点を小回りの方法で右折する原動機付自転車は、交差点の中心の外側を徐行しながら通行する。

問 37	☐ ☐	二輪車に乗るときのヘルメットは、自転車用のヘルメットでもかまわない。

問 38	☐ ☐	カーブを通行するとき、カーブの外側に滑り出そうとする働きを遠心力という。

問 39	☐ ☐	踏切を通過しようとするときは、その手前で一時停止して、左右の安全を確認するとともに、踏切の先の交通の混雑状況を確かめる。

問 40	☐ ☐	右の標識がある道路は、二輪の自動車以外の自動車は通行することができない。

問 41	☐ ☐	一方通行の道路以外で右折するときは、あらかじめ道路の中央に寄らなければならないので、車両通行帯が黄色の線で区画されている場合であっても、中央に進路を変えてもよい。

問 42	☐ ☐	信号機がある踏切で青信号のときは、一時停止をせずに通過することができる。

問 43	☐ ☐	標識は、規制標識、補助標識、警戒標識、案内標識の4種類だけしかない。

問 44	☐ ☐	交差点に先に入っていれば、対向する直進車や左折車よりも優先して右折することができる。

問 45	☐ ☐	右図のような道幅が同じ交差点では、A車は路面電車の進行を妨げてはならない。

路面電車

問 46	☐ ☐	スーパーマーケットの駐車場に入るとき、誘導員の合図があったので、徐行して歩道を横切った。

A

横の信号が赤色でも、正面の信号は青色であるとは限りません。

 図は「右折の方法」の標示で、標示の内側を徐行します。

 自転車用のヘルメットは十分な強度がないので、運転してはいけません。

 遠心力は、カーブの外側に滑り出そうとする力のことをいいます。

 踏切では、一時停止と安全確認してから通過します。

 設問の標識は、「二輪の自動車以外の自動車通行止め」です。

 設問の場合は、右折のためであっても進路変更をしてはいけません。

 青信号に従って踏切を通過するときは、安全を確かめれば一時停止する必要はありません。

 標識には、本標識（規制、指示、警戒、案内）と補助標識の2種類があります。

 右折車が先に交差点に入っていても、直進車や左折車の進行を妨げてはいけません。

 右方や左方に関係なく、路面電車が優先し、A車は路面電車の進行を妨げてはいけません。

 歩道を横切るときは、必ずその直前で一時停止しなければなりません。

本標識の種類

❶規制標識

特定の交通方法を禁止したり、特定の方法に従って通行するよう指定したりするもの。

例 車両進入禁止

❷指示標識

特定の交通方法ができることや、道路交通上決められた場所などを指示するもの。

例 優先道路

❸警戒標識

道路上の危険や注意すべき状況などを前もって道路利用者に知らせて注意を促すもの。すべて黄色のひし形。

黄

例 踏切あり

❹案内標識

地点の名称、方面、距離などを示して、通行の便宜を図ろうとするもの。

例 方面及び方向の予告

問47 時速20キロメートルで進行しています。どのようなことに注意して運転しますか？

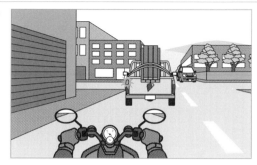

(1) 前車はすぐに左折し終わるので、このままの速度で進行する。

(2) 前車が左折し終わっても、積み荷が自車の前にはみ出しているかもしれないので、速度を落として車間距離を保つ。

(3) 前車は左折に時間がかかりそうなので、センターラインを越えて大きく右に避ける。

問48 時速30キロメートルで進行しています。左側に駐車車両のある見通しの悪いカーブにさしかかりました。どのようなことに注意して運転しますか？

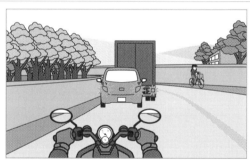

(1) 駐車車両でカーブの先が見えないので、中央線を少しはみ出し、減速して進行する。

(2) 自転車が急に横断するかもしれないので、警音器で注意を促し、加速して通過する。

(3) 対向車や駐車車両のかげから歩行者が飛び出してくるかもしれないので、中央線を大きくはみ出して進行する。

答47 **危険1**

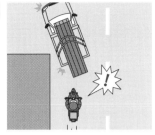

無理に追い越そうとすると、積み荷
の後端に接触するかもしれない！

危険2

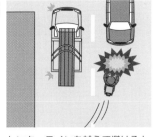

センターラインを越えて避けると、
対向車と衝突するかもしれない！

(1) 前車はすぐに**左折し終わる**とは限りません。

(2) **積み荷が自車の前をふさぐ**おそれがあるので、車間距離を保ちます。

(3) センターラインを越えると、**対向車と衝突する**おそれがあります。

 答48 **危険1**

中央線をはみ出すと、**対向車と衝突
する**かもしれない！

危険2

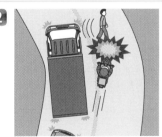

駐車車両のかげから歩行者が急に飛
び出してくるかもしれない！

(1) **対向車に十分注意**し、減速して進行します。

(2) 警音器は鳴らさず、**減速して**様子を見ます。

(3) 中央線を大きくはみ出すと、**対向車が来て衝突する**おそれがあります。

本試験
―対策―

本試験テスト
一問一答
第 8 回

次の48問について、正しいものには「○」、誤っているものには「×」と答えなさい。配点は、問1～46が各1点、問47・48が各2点（3問すべて正解の場合）。

問 1 横断歩道や自転車横断帯に近づいてきたとき、横断する人や自転車がいないことがはっきりしないときは、その手前で停止できるように速度を落として進まなければならない。

問 2 0.75メートル以下の路側帯がある道路では、車道の左側端に沿って駐車する。

問 3 道路の曲がり角であっても、他の交通の妨げにならないときは、停車や駐車をしてもよい。

問 4 右の標示は「横断歩道」を表し、歩行者が道路を横断するための場所であることを示している。

問 5 二輪車に乗るときの姿勢は、前かがみになるほど風圧が少なくなるので、そのようにしたほうがよい。

問 6 自転車横断帯の手前に来たとき、自転車が横断し始めていたが、自車のほうが先に通過できそうだったので、急いで通過した。

問 7 バス停の標示板（柱）から10メートル以内の場所は、バスの運行時間中に限り、駐停車することができない。

問 8 右の標示がある通行帯を、原動機付自転車で通行した。

問 9 車を運転する場合、交通規則を守ることは道路を安全に通行するための基本であるが、事故を起こさない自信があれば、必ずしも守る必要はない。

問 10 踏切を通過するときは、一方からの列車が通過しても、その直後に反対方向からの列車が近づいてくることがあるので、必ず反対方向の安全も確認しなければならない。

正解・解説部分に を当てながら解いていこう。
間違ったら、問横の ☐ をチェックして、再度チャレンジ！

合格点 45点以上　目安の時間 45分

ジャンル別問題

本試験テスト 一問一答

本試験テスト 本試験型

第8回

 設問のような場合は、**手前で停止**できるように速度を落として進行します。

 0.75メートル以下の路側帯では、**車道の左側端**に沿って駐車します。

 他の交通の妨げにならなくても、道路の曲がり角付近では**停車**や**駐車**をしてはいけません。

 設問の「**横断歩道**」は、歩行者が**道路を横断する**ための場所です。

 前かがみの姿勢は、**視野**を狭くし、運転操作の**妨げ**になるので危険です。

 自転車が横断しようとしているときは、**一時停止**しなければなりません。

 設問の場所は、バスの**運行時間中**に限って駐停車をしてはいけません。

 設問の路線バス等の「**専用通行帯**」は、小型特殊自動車、原動機付自転車、軽車両も**通行**できます。

 事故を起こさない自信があっても、**交通規則を守って**運転します。

 踏切では、必ず**反対方向の安全**も確認しなければなりません。

自転車横断帯の手前にさしかかったときの注意点

一時停止

自転車横断帯の直前に止まっている車があるときは、そのそばを通って前方に出る前に**一時停止**しなければならない。

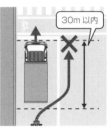

30m 以内

自転車横断帯とその手前**30**メートル以内のところでは、**追い越し**と**追い抜き**が禁止されている。

● 自転車横断帯の標識

● 自転車横断帯の標示

問11 □ □ 運転免許証を紛失中であっても、警察に届けておけば車を運転してもよい。

問12 □ □ 右の標識を付けている車に対しては、危険を避けるためやむを得ない場合を除き、幅寄せや割り込みをしてはいけない。

問13 □ □ 交差点の手前で大型トラックが左に合図を出して中央寄りに進路を変えたときは、大回りして左折するかもしれないので、左側方に進入しないようにする。

問14 □ □ 遮断機が上がった直後に踏切を通過するときは、一時停止しなくてもよい。

問15 □ □ 車の速度が上がるにつれて人間の視力は低下し、とくに近くの物が見えにくくなる。

問16 □ □ 右の標識は、この先が行き止まりであることを表している。

黄

問17 □ □ 前方の二輪車が左腕のひじを垂直に上に曲げた場合は、「左折」または「左に進路を変更する」という意味である。

問18 □ □ 消火栓、消防用機械器具の置き場、火災報知機から5メートル以内は、駐車禁止の場所である。

問19 □ □ 違法な駐車車両は、交通の妨害、交通事故の原因、緊急車両の妨害など、交通上や社会生活上に大きな障害となる。

問20 □ □ 右図の警察官の手信号で、警察官の身体の正面に対面する交通に対しては、黄色の灯火信号と同じ意味である。

問21 □ □ 左側の幅が6メートル未満の見通しのよい道路で追い越しをするときは、追い越しのため、右側部分にはみ出すことが禁止されている場所を除き、はみ出し方をできるだけ少なくして通行することができる。

問22 □ □ 二輪車はバランスをとることが大切なので、足先を外側に向け、両ひざはできるだけ開いて運転するとよい。

		免許証の**不携帯**となるので、**再交付**を受けてから運転します。
		図の「**身体障害者マーク**」を付けた車に対する**幅寄せ**や**割り込み**は、原則として禁止です。
		トラックに**巻き込まれる**おそれがあるので、**左側方**に進入しないようにします。
		遮断機が上がった直後でも、必ず**一時停止**しなければなりません。
		人間の視力は速度が上がるにつれて**低下**し、**近く**の物が見えにくくなります。
		設問の標識は、「**その他の危険がある**」ことを表しています。
		設問の合図は、**右折**か**転回**、または**右**へ進路変更することを表しています。
		消火栓、消防用機械器具の置き場は 5 メートル以内ですが、火災報知機は 1 メートル以内が駐車禁止です。
		違法な駐車車両は**危険**ですので、そのような**駐車**をしてはいけません。
		身体の正面に対面する交通は、**赤色の灯火**信号と同じ意味を表します。
		設問のような場合は、右側部分に最小限**はみ出して**通行できます。
		足先を**前方**に向け、両ひざで**タンクを締める**ようにして運転します。

交差点で右左折するときの注意点

●左折するとき

巻き込まれ注意

大型自動車などの左側を通行している二輪車は、**巻き込まれない**ように注意する。

軌跡の差

内輪差とは、曲がるとき、**後輪**が**前輪**より内側を通ることによる前後輪の**軌跡の差**のことをいう。

●右折するとき

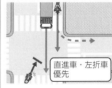

直進車・左折車優先

右折車は、たとえ先に交差点に入っていても、**直進車**や**左折車**の進行を妨げてはいけない。

二輪車に注意

対向車線が渋滞している道路で右折するときは、対向車のかげから**直進してくる二輪車**に注意する。

| 問 23 | ☐ ☐ | 人を降ろすために停止しようと徐行している車の前方に出る行為は、割り込みにはならない。 |

| 問 24 | ☐ ☐ | 右の標示は、前方の交差する道路に対して優先道路であることを示している。 |

| 問 25 | ☐ ☐ | 同じ距離であっても、大型車は近くに、小型車は遠くに感じる。 |

| 問 26 | ☐ ☐ | 標識や標示で最高速度が指定されていない道路での原動機付自転車の最高速度は、時速40キロメートルである。 |

| 問 27 | ☐ ☐ | 車を運転中、左前方に白色のつえを持った人が歩いていたが、路側帯の中だったので速度を落とさずに通行した。 |

| 問 28 | ☐ ☐ | 右の標示は「歩行者用路側帯」なので、自転車は通行することができない。 |

| 問 29 | ☐ ☐ | 交通事故で多量の出血があるときは、まず清潔なハンカチなどで止血するのがよい。 |

| 問 30 | ☐ ☐ | センターライン（中央線）は、必ず道路の中央に引かれている。 |

| 問 31 | ☐ ☐ | 通学・通園バスが乗り降りのために停車しているときは、後方で停止して発進を待たなければならない。 |

| 問 32 | ☐ ☐ | 右図のような道幅が違う交差点では、B車はA車の進行を妨げてはならない。 |

| 問 33 | ☐ ☐ | 夜間、他の自動車の直後を進行するときは、前車の動きがよくわかるように前照灯を上向きにする。 |

| 問 34 | ☐ ☐ | 薬は体調をよくするためのものなので、車を運転するときは、どんな薬でも服用し、安全運転に備える。 |

設問のような行為は、**割り込み**にはなりません。

 図は「**前方優先道路**」の標示で、交差する道路のほうが**優先道路**です。

 大きな物は**近く**に、小さな物は**遠く**に感じます。

 原動機付自転車の法定速度は、時速 **30** キロメートルです。

 路側帯を歩いていても、設問のような人に対しては、**一時停止**か**徐行**をしなければなりません。

 設問の「**歩行者用路側帯**」は**歩行者専用**の通行帯なので、自転車は**通行**できません。

 負傷者(ふしょうしゃ)がいるときは、**止血する**などの**可能な応急処置**を行います。

 中央線は、必ず**道路の中央**に引かれているとは限りません。

 必ずしも**停止して待つ**必要はなく、十分安全を確かめ、**徐行して進行**できます。

 B 車は広い道路を通行しているので、**A 車**は **B 車**の進行を妨げてはいけません。

 上向きにすると**前車の運転の妨(さまた)げ**になるので、前照灯を**下向き**に切り替えて進行します。

 睡眠作用のある薬(すいみん)を服用したときは、車を運転しないようにします。

車を運転してはいけないとき

酒を飲んだとき。

シンナーなどの影響を受けているとき。

車の運転を控えるとき

疲れているときや、心配ごとがあるとき。

眠気を催す薬を服用したとき。

問 35 ☐ ☐　交差点に「左折可」の標示板があるところでは、車は歩行者などまわりの交通に注意しながら左折することができる。

問 36 ☐ ☐　右の標識は、車が矢印の方向以外に進んではならないことを表している。

問 37 ☐ ☐　交通量の多い道路では、割り込まれないように前車との距離をなるべく少なくする。

問 38 ☐ ☐　信号機がある交差点で、停止線のないときの停止位置は、信号機の直前である。

問 39 ☐ ☐　トンネルの中や濃い霧などで50メートル先が見えない場所を通行するときでも、昼間は灯火をつける必要はない。

問 40 ☐ ☐　右の標識は、「追越し禁止」を表している。

問 41 ☐ ☐　雨の日は、道路が滑りやすく停止距離が長くなるが、重い荷物を積んでいるときは、反対に停止距離は短くなる。

問 42 ☐ ☐　見通しの悪い住宅街を走行中、遊びに夢中になっている子どもを見つけたが、いつ飛び出すかわからないので、警音器を鳴らして高速で通過した。

問 43 ☐ ☐　夜間、前車の後部灯火の赤ランプが急に明るくなったときは、ブレーキをかけたと考えてよい。

問 44 ☐ ☐　右の標識があるところでは、車は駐車も停車もしてはならない。

問 45 ☐ ☐　片側3車線の交差点で、信号が「赤色の灯火」と「右向きの青色矢印」を示しているとき、原動機付自転車は進むことができない。

問 46 ☐ ☐　原動機付自転車で路線バス等優先通行帯を通行中、後方から路線バスが近づいてきたときは、すみやかに進路変更して他の通行帯に出なければならない。

答 35 ○ 車は、前方の信号が赤色や黄色であっても、歩行者などまわりの交通に注意しながら**左折**できます。

 答 36 ○ 図は「**指定方向外進行禁止**」を表し、設問の場合は「**右折禁止**」です。

 答 37 ✕ **十分な車間距離**をあけて走行しなければなりません。

答 38 ✕ 設問の場合は、**信号機**の直前ではなく、**交差点**の直前で停止します。

答 39 ✕ 50メートル先が見えない場所を通行するときは、昼間でも**灯火をつけなければ**なりません。

答 40 ✕ 設問の標識は、「**追越しのための右側部分はみ出し通行禁止**」を表します。

答 41 ✕ 重い荷物を積んでいるときも、停止距離は**長く**なります。

答 42 ✕ 警音器を鳴らさずに、**速度を落として**進行します。

答 43 ○ ブレーキをかけると、後部の**制動灯**（ブレーキ灯）が赤くなります。

答 44 ○ 図は「**駐停車禁止**」を表し、**駐車**も**停車**も禁止されています。

答 45 ○ 原動機付自転車は、**二段階右折の方法**で右折しなければならないので**右折**できません。

答 46 ✕ 原動機付自転車は他の通行帯に出る必要はなく、**左側**に寄って進路を譲ります。

デザインが似ていて
間違いやすい標識

上が「**駐停車禁止**」、下が「**駐車禁止**」

上が「**最高速度**（時速30キロメートル）」、下が「**最低速度**（時速30キロメートル）」

上が「**横断歩道**」、下が「**学校、幼稚園、保育所等あり**」

上が「**一方通行**」、下が「**左折可**（標示板）」

問47 時速30キロメートルで進行しています。どのようなことに注意して運転しますか?

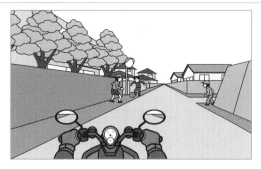

(1) ☐☐ 右側の路地の子どもは、急に車道に飛び出してくるおそれがあるので、車道の左側端に寄って進行する。

(2) ☐☐ 左側の子どもたちは歩道上で遊んでいるため、急に車の前に出てくることはないので、このまま進行する。

(3) ☐☐ 子どもたちは予測できない行動をとることがあるので、警音器を鳴らしてこのままの速度で進行する。

問48 時速20キロメートルで進行しています。対向車線が渋滞しているときは、どのようなことに注意して運転しますか?

(1) ☐☐ 急に減速すると、後続車に追突されるおそれがあるので、ブレーキを数回に分けてかけ、後続車に注意を促す。

(2) ☐☐ 対向車が突然右折するかもしれないので、その動きに注意して進行する。

(3) ☐☐ 歩行者は左側からだけでなく、右側の車かげからも横断するかもしれないので、徐々に速度を落として、交差点の手前で一時停止する。

危険1

右側の路地の子どもが、急に車道に
飛び出してくるかもしれない！

危険2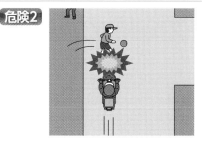

左側の子どもたちが、急に自車の前
に出てくるかもしれない！

(1) 車道の左側端に寄ると、**左側の子どもたちに接触する**おそれがあります。

(2) 左側の子どもたちは車の接近に気づかずに、**車道に出てくる**おそれがあります。

(3) 警音器は**鳴らさず**、速度を落とします。

答48

危険1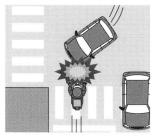

対向車が、突然右折するかもしれな
い！

危険2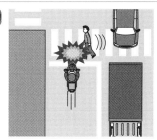

右側の車のかげから、歩行者が急に
横断するかもしれない！

(1) **後続車に注意**しながら、速度を落とします。

(2) **対向車の動き**に注意しながら進行します。

(3) 車のかげで**歩行者の横断が見えない**おそれがあるので、徐々に速度を落として、交差点の
手前で一時停止します。

本試験
—対策—

本試験テスト
一問一答
第 **9** 回

次の 48 問について、正しいものには「○」、誤っているものには「×」と答えなさい。配点は、問1〜46 が各1点、問 47・48 が各2点（3問すべて正解の場合）。

問1 原動機付自転車が、歩行者が通行していない路側帯を通行した。

問2 二輪車を運転中、スロットルグリップのワイヤーが引っかかり、エンジンの回転数が上がったままになったときは、ただちに点火スイッチを切る。

問3 車を運転するときは、道路や交差点の状況を確実に認知しないと安全な運転はできないが、認知の大半は見ることにより得られるので、人間の感覚の中で視覚が最も重要である。

問4 右の標示は、車を安全で円滑に誘導するため、車が通らないようにしている道路の部分である。

問5 交通事故で負傷者がいる場合は、どんなけがであっても、救急車が到着するまでの間は、そのままにしておいたほうがよい。

問6 安全地帯のそばを通るとき、歩行者がいるときは徐行しなければならないが、いないときは徐行しなくてもよい。

問7 車庫の出入口から3メートル以内は駐車禁止場所だが、その車庫の関係者や本人であれば車庫の前に駐車してもよい。

問8 右の標示内は、車は通行してもよいが停止してはならない。

問9 信号が青色の灯火を表示している交差点では、原動機付自転車は直進や左折はできるが、右折できない場合がある。

問10 高齢者マークを付けている高齢運転者、身体障害者マークを付けている身体の不自由な人が自動車を運転しているときは、追い越しや追い抜きが禁止されている。

正解・解説部分に を当てながら解いていこう。
間違ったら、問横の □ をチェックして、再度チャレンジ！

 合格点 **45**点以上　 目安の時間 **45**分

 歩行者の**有無**に関係なく、原動機付自転車は**路側帯**を通行してはいけません。

 ただちに**点火スイッチ**を切って、エンジンの**回転**を止めます。

 車の運転で最も重要な感覚は**視覚**です。

 設問の「**導流帯**」は、車を安全で円滑に誘導するため、**車が通らないようにしている**道路の部分です。

 医師や救急車が到着するまでの間、**止血**など**可能な応急救護処置**を行います。

 安全地帯に歩行者がいないときは、**徐行**しなくてもかまいません。

 たとえ関係者や本人であっても、設問の場所では**駐車**してはなりません。

 図は「**停止禁止部分**」を表し、その中で停止してはいけません。

 原動機付自転車は、**二段階の方法**で右折しなければならない交差点もあります。

 幅寄せや**割り込み**は禁止ですが、**追い越し**や**追い抜き**はとくに禁止されていません。

青・黄・赤色の灯火信号の意味

●青色の灯火信号

車（二段階右折の原動機付自転車と軽車両を除く）や路面電車は、**直進**、**左折**、**右折**できる。

●黄色の灯火信号

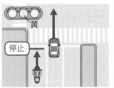

車や路面電車は、**停止位置から先に進んではいけない**。ただし、信号が変わったとき、**停止位置**に近づきすぎていて、**安全に停止できない**場合は、そのまま進める。

●赤色の灯火信号

車や路面電車は、**停止位置を越えて進んではいけない**。

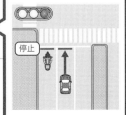

117

問 11 □ □ 二輪車に荷物を積むときの積み荷の幅は、荷台から左右にそれぞれ 0.3 メートルを超えてはならない。

問 12 □ □ 右の標識は、この先に信号機があることを表している。

黄

問 13 □ □ 追い越しのときは、前車の側方を通過したあと、すばやくその直前に入るようにする。

問 14 □ □ 人を待つため、継続的（けいぞくてき）に停止していても、運転者が運転席にいれば停車である。

問 15 □ □ 雨の日は、歩行者が足もとに気をとられたり、雨具で視界を遮（さえぎ）られ、車の接近に気がつかないことがあるので、歩行者の動向には十分注意しなければならない。

問 16 □ □ 右図の警察官の手信号は、同じ意味である。

問 17 □ □ 停留所に路線バスが止まっているときは、路線バスが発進するまでその横を通過してはならない。

問 18 □ □ 二輪車を運転する場合、前輪ブレーキは後輪ブレーキに比べて効（き）きが悪いので、通常は後輪ブレーキを主に使い、前輪ブレーキは緊急（きんきゅう）時にのみ使う。

問 19 □ □ 環状交差点において徐行（じょこう）か停止するときは、合図をする必要はない。

問 20 □ □ 右の標識がある通行帯を通行中の原動機付自転車は、路線バスが後方から接近してきたら、その通行帯から出なければならない。

問 21 □ □ 10 分以内の荷物の積みおろしや人の乗り降りのための停止は、駐車にはならない。

問 22 □ □ 交差点で対面する信号が赤色の点滅を表示しているときは、必ず停止位置で一時停止して安全を確かめる。

荷台から左右にそれぞれ 0.15 メートルを超えてはいけません。

 図は「信号機あり」の警戒標識です。

 追い越しをして、**十分な車間距離**をとってから、ゆるやかに進路を左に戻します。

 運転者が車にいても、継続的に停止すれば**駐車**になります。

 雨の日は、**歩行者の動向**には十分注意しなければなりません。

 警察官の手信号は、片方の腕を下している場合も、両腕を上げているときと**同じ意味**を表します。

 路線バスが発進の合図をしていなければ、側方通過はとくに**禁止されて**いません。

 前輪ブレーキのほうがよく効き、ブレーキは前後輪を**同時にかける**ようにします。

 ブレーキ灯をつけるか、腕を車の外に出し**斜め下に伸ばして**合図をします。

 路線バス等優先通行帯を通行中の原動機付自転車は、その通行帯から**出る**必要はなく、**左側**に寄ります。

 人の乗り降りのための停止は**停車**になりますが、5 分を超える荷物の積みおろしは**駐車**になります。

 赤色の点滅信号では、停止位置で**一時停止**して安全を確かめなければなりません。

雨の日の運転で注意すること

視界が悪い、路面が滑りやすいなど、危険度が高まるので、速度を落とし、慎重に運転する。

急発進、急ハンドル、急ブレーキは、横転や横滑りの原因となるので、しない。

深い水たまりを通ると、**ブレーキドラム**に水が入り、ブレーキが効かなくなることがあるので、避けて通る。

歩行者に泥や水をはねないように、徐行するなどして通行する。

ジャンル別問題

本試験テスト 一問一答

本試験テスト 本試験型

第9回

問23 □ □ 消火栓、消防用防火水槽の側端から5メートル以内の場所は、駐車や停車が禁止されている。

問24 □ □ 右の標識があるところでは、自動車や原動機付自転車を追い越してはならないが、自転車であれば追い越してもよい。

追越し禁止

問25 □ □ 交通事故の責任は、事故を起こした運転者だけが負うべきで、車のかぎの管理が悪く勝手に持ち出されて起きた事故は、所有者に責任はない。

問26 □ □ 標識や標示によって横断や転回が禁止されているところであっても、後退は禁止されていない。

問27 □ □ 遊園地付近の道路に止まっている車のそばを通行するとき、そこが横断歩道の直前ではなかったので、とくに注意をしないで通過した。

問28 □ □ 歩道に右図のような黄色の標示があるところで、荷物をおろすために1分間停止した。

黄

問29 □ □ 道路の曲がり角付近、上り坂の頂上付近、こう配の急な下り坂は、徐行場所であるとともに、追い越し禁止の場所である。

問30 □ □ 自転車横断帯の直前で停止している車があっても、進路の前方を横断している自転車が見えないときは、そのまま通過してよい。

問31 □ □ 正面の信号が黄色の灯火のとき、車は他の交通に注意しながら進むことができる。

問32 □ □ 右の標示があるところでは、Aの通行帯からBの通行帯へ進路を変えてはならない。

A　B
黄　中央線

問33 □ □ 二輪車のエンジンを止めて押して歩くときは歩行者として扱われるので、歩道を通行することができる（側車付き、けん引時を除く）。

問34 □ □ 原動機付自転車とは、おもにエンジンの総排気量が50cc以下の二輪のものをいい、三輪のものは原動機付自転車ではない。

答 23 ✕ 設問の場所は**駐車禁止**で、**停車**は禁止されていません。

答 24 ○ 「**追越し禁止**」の標識があっても、**自転車などの軽車両**は追い越すことができます。

答 25 ✕ 所有者は、車を持ち出されないように**管理**しなければならないため、**責任を問われる**ことがあります。

答 26 ○ 設問の場所では、**後退**はとくに禁止されていません。

答 27 ✕ 停止車両の側方を通過するときは、**飛び出し**などに十分注意します。

答 28 ○ 図は「**駐車禁止**」を表しますが、**5**分以内の荷物の積みおろしは**停車**になるので止められます。

答 29 ○ 設問の場所は、**徐行**場所であり、**追い越し禁止**の場所でもあります。

答 30 ✕ **確認**が不十分なので、前方に出る前に**一時停止**しなければなりません。

答 31 ✕ 安全に停止できないとき以外は、車は**停止位置**から先へ進んではいけません。

答 32 ✕ 進路変更が禁止されているのは、**黄色の線がある B の**通行帯を通行している車です。

答 33 ○ 二輪車のエンジンを止めて押して歩くときは、**歩道**を通行できます。

答 34 ✕ ピザの宅配などに使用される、**スリーター**と呼ばれる三輪の原動機付自転車もあります。

「歩行者」となる人

道路を通行している人。

うば車を押している人や**小児用**の車で通行している人。

身体障害者用の**車いす**で通行している人。

歩行補助車や**ショッピングカート**で通行している人。

自動二輪車や原動機付自転車の**エンジン**を止めて押して歩いている人（他の車を**けん引**している場合や、**側車付き**のものを除く）。

自転車を押して歩いている人。

問 35 ☐ ☐ 踏切を通過するときは、停止線がなくても、その直前で一時停止して安全を確認しなければならない。

問 36 ☐ ☐ 右の標識は、「最低速度」を表し、原動機付自転車は時速30キロメートルに達しない速度で運転してはならない。

問 37 ☐ ☐ 横断歩道や自転車横断帯は、その中と前後30メートル以内が追い越し禁止である。

問 38 ☐ ☐ 踏切で遮断機が上がっているときは、徐行して通過してもよい。

問 39 ☐ ☐ ぬかるみ、砂利道などの悪路では、ハンドルをとられたりタイヤがスリップしやすいので、あらかじめ減速し、急発進、急ブレーキ、急ハンドルをしないようにする。

問 40 ☐ ☐ 右の標識があるところでは、駐車するとき、道路の端に対して斜めに止めなければならない。

問 41 ☐ ☐ 交差点の手前に黄色のペイントで進行する方向別の通行区分が指定されているところでは、右左折のためであっても進路変更をすることはできない。

問 42 ☐ ☐ 遠心力は、道路のカーブの半径が小さいほど大きくなり、速度の2乗に比例して大きくなる。

問 43 ☐ ☐ 夜間、他の車の直後を追従して走行するときは、前照灯を下向きに切り替えるか減光しなければならない。

問 44 ☐ ☐ 原動機付自転車は、右の標識がある道路を通行することができない。

問 45 ☐ ☐ 違法駐車をすると、他の道路の利用者に迷惑をかけるだけでなく、歩行者にとっても危険である。

問 46 ☐ ☐ センターラインは、道路の中央にあるとは限らない。

踏切を通過するときは、その手前で**停止**して、**安全を確認**しなければなりません。

図は「**最低速度**」を表しますが、法定速度が時速 **30** キロメートルの原動機付自転車は規制の対象外です。

前後 30 メートル以内でなく、**手前**から 30 メートル以内が追い越し禁止です。

遮断機が上がっていても、**一時停止**して安全を確かめなければなりません。

悪路では、あらかじめ**減速**し、「**急**」のつく**動作**をしないようにします。

「斜め駐車」の標識がある場所では、**道路の端**に対して**斜め**に駐車しなければなりません。

黄色の線を越えて進路変更をしてはいけません。

遠心力は、カーブが**急**なほど、速度が**速い**ほど（**2乗**に比例して）大きくなります。

前を走る車の運転者を**げん惑**しないように、前照灯を**下向き**に切り替えるか減光します。

図は「**自転車および歩行者専用**」を表し、原動機付自転車は**通行**できません。

違法駐車は、**迷惑**であり**危険**なので、してはいけません。

中央線は、必ずしも**道路の中央**に引かれているとは限りません。

走行中の車に働く自然の力

●遠心力

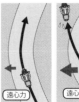

カーブの**外**側に飛び出そうとする力。速度の**2乗**に比例して大きくなり、カーブの半径が**小さく**なる（急になる）ほど大きくなる。

●衝撃力

車が**衝突**したときに生じる運動エネルギーで、速度の**2乗**に比例して大きくなる。時速 60 キロメートルでコンクリートの壁に衝突した場合は、約 14 メートルの高さ（ビルの **5** 階程度）から落ちたときと同程度の衝撃を受ける。

●制動距離

運転者が**ブレーキ**をかけてから、**車が停止**するまでの距離で、速度の**2乗**に比例して大きくなる。

問47 時速20キロメートルで進行しています。どのようなことに注意して運転しますか？

(1) アスファルトと砂利道との段差の部分でハンドルをとられるかもしれないので、ハンドルをしっかり握り、一気に加速して通過する。

(2) 砂利道はアスファルトに比べて滑りやすく、車体が不安定になるので、手前で速度を落としてから進入する。

(3) 砂利道はどの程度滑るかわからないので、ハンドルを大きく切って、スリップしないかどうかを確かめながら進行する。

問48 時速30キロメートルで進行しています。前方の車庫から車が出て止まったときは、どのようなことに注意して運転しますか？

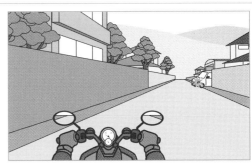

(1) 車庫の車が急に左折を始めると自車は左側端に避けなければならないので、減速してその様子を見ながら注意して進行する。

(2) 車庫の車は、自車を止まって待っていると思われるので、待たせないように、やや加速して進行する。

(3) 車庫の車がこれ以上前に出ると、自車は進行することができなくなるので、警音器を鳴らして、自車が先に行くことを知らせる。

段差の部分で、ハンドルをとられるかもしれない！

砂利道にハンドルをとられ、スリップするかもしれない！

(1) ✕ 砂利道との段差でハンドルをとられるおそれがあるので、加速するのは危険です。

(2) ◯ 車体が不安定になることを予測して、事前に速度を落とします。

(3) ✕ ハンドルを大きく切ると、スリップして転倒するおそれがあります。

車庫の前の車が急に左折して、自車と衝突するかもしれない！

左側端に避けすぎて、左側の塀に接触するかもしれない！

(1) ◯ 減速して、前方の車の動きに注意します。

(2) ✕ 前方の車は、自車の進行を待ってくれるとは限りません。

(3) ✕ 警音器は鳴らさず、速度を落として進行します。

次の 48 問について、正しいものには「○」、誤って
いるものには「×」と答えなさい。配点は、問 1 ～
46 が各 1 点、問 47・48 が各 2 点（3 問すべて正
解の場合）。

問1 ☐☐ 横断歩道や自転車横断帯を通行する車は、必ず警音器を鳴らさなければならない。

問2 ☐☐ 踏切用の信号が青色のときは、安全を確かめれば踏切の手前で一時停止しなくてもよい。

問3 ☐☐ 道路の曲がり角付近で、自動車や原動機付自転車を追い越してはならないが、軽車両であれば追い越しをしてもよい。

問4 ☐☐ 右の補助標識は、交通規制の「始まり」を表している。　　←

問5 ☐☐ 二輪車のエンジンを止めて押して歩く場合でも、歩行者用道路は通行することはできない。

問6 ☐☐ 2 本の白の実線で区画されている路側帯は、その幅が広い場合であっても、その中に入って駐停車してはならない。

問7 ☐☐ バスや路面電車の停留所の標示板（柱）から 10 メートル以内の場所は、人の乗り降りのためであれば、運行時間中であっても停車することができる。

問8 ☐☐ 右の標識があるところでは、車は左折しかできない。

問9 ☐☐ 信号機のある交差点で横の信号が赤のときは、交差点に進入してくる車がいないので、横の信号が赤になれば発進することができる。

問10 ☐☐ 自動車は歩行者専用道路を通行できないが、軽車両や原動機付自転車は通行することができる。

正解・解説部分に を当てながら解いていこう。

間違ったら、問横の をチェックして、再度チャレンジ！

合格点 45点以上

目安の時間 45分

 答1 必ず警音器を鳴らさなければならないという**規則**はありません。

 答2 ○ 踏切用の信号が青色のときは、**信号に従って通過する**ことができます。

 答3 ○ 自転車などの軽車両であれば、**追い越し**をしてもかまいません。

 答4 左向きの赤色矢印の補助標識は、交通規制の「**終わり**」を表しています。

 答5 設問のような場合は**歩行者**と見なされるので、**歩行者用道路を通行**できます。

 答6 ○ **歩行者用**路側帯なので、**中に入って駐停車**してはいけません。

 答7 運行時間中は**駐停車禁止**の場所なので、人の乗り降りの**停車**もできません。

 答8 ○ 図は「**指定方向外進行禁止**」の標識で、左折しかできません。

 答9 横の信号が赤色でも、前方の信号が**青色**であるとは限りません。

 答10 歩行者専用道路は、とくに**通行を認められた車**しか通行できません。

「始まり」「終わり」の標識・標示

●始まり（補助標識）

ここから

●終わり（補助標識、規制標示）

ここまで

黄

転回禁止区間の終わり

黄

制限速度時速 50 キロメートル区間の終わり

ジャンル別問題

本試験テスト 一問一答

本試験テスト 本試験型

第10回

127

| 問 11 | □ □ | 遠心力や制動距離は速度に比例するので、速度が2倍になれば、遠心力や制動距離は2倍になる。 |

| 問 12 | □ □ | 右の標識を付けて走っている普通自動車に対しては、危険防止のためやむを得ない場合を除き、幅寄せや割り込みをしてはならない。 |

黄　緑

| 問 13 | □ □ | 交差点の中まで中央線や車両通行帯境界線が引かれている道路は、優先道路である。 |

| 問 14 | □ □ | 車種を問わず、風で飛散しやすい物を運搬するときは、シートをかけるなどして飛び散らないようにしなければならない。 |

| 問 15 | □ □ | 片側ががけなどで安全に行き違いができないときは、がけ側の車があらかじめ安全な場所で停止して対向車に道を譲る。 |

| 問 16 | □ □ | 右の標識は、この先に横断歩道があることを示している。 |

黄

| 問 17 | □ □ | 走行中に安全確認をひんぱんに行うと、交通渋滞の原因となるので避けるべきである。 |

| 問 18 | □ □ | 消火栓から5メートル以内の場所で、荷物の積みおろしのため、運転者が離れないで5分間車を止めた。 |

| 問 19 | □ □ | 一般道路で追い越しをするとき、一時的であれば、法定速度を超えてもよい。 |

| 問 20 | □ □ | 矢印方向から進行する場合、右図の3つの信号は同じ意味である。 |

A　B　C

| 問 21 | □ □ | 追い越しは危険を伴うので、追い越しをしようとするときは、必ず警音器を鳴らさなければならない。 |

| 問 22 | □ □ | 二輪車を選ぶときは、二輪車にまたがったとき、両足のつま先が地面に届かなければ、体格に合った車種とはいえない。 |

遠心力や制動距離は速度の**2**乗に比例するので、速度が**2**倍になれば**4**倍になります。

 「初心者マーク」を付けた普通自動車への割り込みや幅寄せは、**禁止**されています。

 交差点の中まで中央線などが引かれている道路は、**優先道路**であることを意味します。

 荷物を積むときは、ロープやシートを使って**転落**や**飛散**しないようにします。

 転落の危険のある**がけ**側の車が停止して、進路を譲ります。

 設問の標識は、「**学校、幼稚園、保育所等あり**」を表す警戒標識です。

 走行中は、つねに**周囲の安全を確認**しながら運転しなければなりません。

 設問の場所は**駐車**禁止で、**停車**に該当する5分以内の荷物の積みおろしはできます。

 追い越すときでも、**法定速度**を超えてはいけません。

 信号機の信号、警察官の手信号と灯火信号ともに、**赤**信号です。

 必ず警音器を鳴らさなければならないという**規則**はありません。

 両足のつま先が地面に届く二輪車を選びます。

消防関係の駐車禁止場所

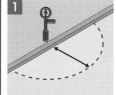

1 メートル以内（↔部分）

火災報知機から**1**メートル以内の場所。

5 メートル以内（↔部分）

消防用機械器具の置場、**消防用防火水槽**、これらの道路に接する出入口から**5**メートル以内の場所。

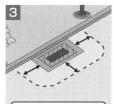

5 メートル以内（↔部分）

消火栓、**指定消防水利**の標識が設けられている位置や、**消防用防火水槽**の取入口から**5**メートル以内の場所。

消防水利

指定消防水利の標識

129

問23 □ □ 制限速度の範囲内であっても、道路や交通の状況に応じて速度を落として走行するのがよい。

問24 □ □ 右の標識があるところは、車両の通行が禁止されているが、自転車であれば通行することができる。

問25 □ □ 二輪車の運転者は、路面を重視した視点の動きになるため、視野が狭くなり、前方の状況や横の危険物の発見が遅れやすい。

問26 □ □ 標識や標示によって横断や転回が禁止されているところでは、後退も禁止されている。

問27 □ □ 車両横断禁止の標識があるところでは、右側でも左側でも道路に面した場所に出入りするための横断が禁止されている。

問28 □ □ 右の標示板があるところでは、前方の信号が赤や黄であっても、まわりの交通に注意しながら左折することができる。

問29 □ □ 交通事故で負傷者がいる場合は、医師や救急車が到着するまでの間、ガーゼや清潔なハンカチで止血するなど可能な応急処置を行う。

問30 □ □ 前方の交差点で右折するので、その交差点の30メートル手前から右の方向指示器を出して合図を始めた。

問31 □ □ 交通巡視員の手信号も、警察官の手信号と同じように従わなければならない。

問32 □ □ 原動機付自転車は、右の標識がある道路を通行することができる。

問33 □ □ 夜間、対向車と行き違うときは、自車と対向車のライトで道路の中央付近の歩行者が見えなくなることがあるので、速度を落としたほうが安全である。

問34 □ □ 警察官や交通巡視員が信号機の信号と異なった手信号をしたときは、警察官や交通巡視員の信号が優先する。

道路や交通の状況に応じて速度を落として走行します。

 自転車も**車両**に含まれるので、「**車両通行止め**」の場所は通行してはいけません。

 二輪車は路面を重視した視点の動きになり、**視野が狭く**なりがちです。

 横断や転回が禁止されているところでも、後退はとくに**禁止**されていません。

 左側の場所へ出入りするための横断は禁止されていません。

 「**左折可**」の標示板がある交差点では、まわりの交通に注意しながら**左折**できます。

 負傷者がいる場合は、可能な**応急救護処置**を行います。

 右折するときの合図は、交差点の **30** メートル手前の地点で行います。

 交通巡視員の手信号は、警察官の手信号と同じように**従わなければ**なりません。

 「**歩行者専用**」は、沿道に車庫をもつ車などで、**とくに通行が認められた車**しか通行できません。

答 33 道路の中央付近の**歩行者が見えなくなる**（**蒸発現象**）ことがあります。

答 34 信号機の信号より、警察官や交通巡視員の手信号が**優先**します。

標識によって原動機付自転車の通行が禁止されているところ

●通行止め

●車両通行止め

●車両進入禁止

●二輪の自動車、原動機付自転車通行止め

●車両（組合せ）通行止め

問35 □ □ 前車が右折などのため右側に進路を変えようとしているときは、その車を追い越してはならない。

問36 □ □ 右の標識は、「車両通行止め」である。

問37 □ □ 左右の見通しがきかない交差点では、原則として徐行しなければならないが、交通の状況によっては一時停止が必要な場合もある。

問38 □ □ 原動機付自転車に積める荷物の高さ制限は、荷台から2メートルまでである。

問39 □ □ 踏切警手がいる踏切では、一時停止しなくてもよい。

問40 □ □ 右の標識は、「横断歩道・自転車横断帯」を表している。

問41 □ □ 雨の路面を走るときや、タイヤがすり減っているときは、路面とタイヤの摩擦が小さくなり、停止距離は長くなる。

問42 □ □ 免許証を手にするということは、単に車が運転できるということだけでなく、同時に刑事、行政、民事責任など、社会的責任が重くなることを自覚しなければならない。

問43 □ □ 原動機付自転車で交差点を直進するときは、前方の四輪車が急に左折するかもしれないので、接触したり巻き込まれたりしないように四輪車の動向に十分注意する。

問44 □ □ 右の標識があっても、原動機付自転車は時速30キロメートルを超える速度で運転してはならない。

問45 □ □ 夕日の反射などによって方向指示器が見えにくい場合は、方向指示器の操作とあわせて手による合図をしたほうがよい。

問46 □ □ マフラーの故障のために騒音を出したり、煙を多量に出すような車は、他人に迷惑をかけるので運転が禁止されている。

設問のような場合は、**危険**なので**追い越しが禁止**されています。

 図は「**駐車禁止**」の標識です。**色が違う**ので間違えないようにしましょう。

 一時停止の標識がある場合は、**その指示**に従わなければなりません。

 荷物の高さ制限は、**荷台**からではなく、**地上から2メートル**までです。

 踏切警手（踏切の保安係で鉄道会社の職員）がいても、踏切の直前で**一時停止**しなければなりません。

 図は、「**横断歩道・自転車横断帯**」の標識です。

 設問のような場合は、路面とタイヤの摩擦が**小さく**なり、停止距離は**長く**なります。

 免許証を手にすると、**社会的責任**も重くなります。

 原動機付自転車は、四輪車の**接触**や**巻き込まれ**に十分注意しなければなりません。

 「**最高速度時速50キロメートル**」の標識があっても、原動機付自転車は時速**30キロメートル**を超えてはいけません。

 方向指示器が見えにくい場合は、**手による合図**もあわせて行います。

 騒音や**多量の煙を出す**ような車を運転してはいけません。

歩行者に関する標識

●歩行者専用

歩行者専用の道路で、**車の通行は原則として禁止**されている。

●自転車および歩行者専用

歩行者と自転車の専用道路で、**その他の車の通行は原則として禁止**されている。

●歩行者通行止め

歩行者の通行が禁止されている。

●横断歩道

横断歩道であることを表す。

●横断歩道・自転車横断帯

横断歩道と自転車横断帯であることを表す。

問 47 時速 30 キロメートルで進行しています。交差する道路が渋滞しているところを直進するときは、どのようなことに注意して運転しますか？

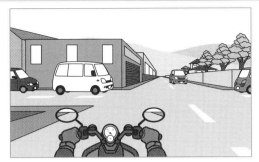

(1) □ □ 渋滞している車の向こう側から二輪車が走行してくるかもしれないので、その手前で停止し、左側を確かめてから通過する。

(2) □ □ 渋滞している車が動き出すおそれがあるので、交差点に入るときは、渋滞している先のほうを確認してから発進する。

(3) □ □ 交差する道路の渋滞している車の間はあいているので、交差点に入る前に左右の確認をしてから、すばやく通過する。

問 48 時速 20 キロメートルで進行しています。後続車が追い越しをしようとしているときは、どのようなことに注意して運転しますか？

(1) □ □ 後続車は前車との間に入ってくるので、やや加速して前車との車間距離をつめて進行する。

(2) □ □ 対向車が近づいており追い越しは危険なので、やや加速して右側に寄り、追い越しをさせないようにする。

(3) □ □ 対向車が近づいており、後続車は自車の前に入ってくるかもしれないので、速度を落とし、前車との車間距離をあける。

危険1

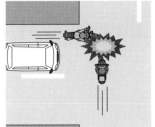

渋滞している車の向こう側から、二輪車が出てきて衝突するかもしれない！

危険2

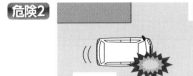

渋滞している車が動き出して、自車と衝突するかもしれない！

（1）○ 車のかげから**二輪車が直進してくる**おそれがあるので、安全を確認します。

（2）○ 渋滞している車が**動き出す**おそれがあるので、先のほうの安全を確認します。

（3）✕ 速度を落とし、**車の進行**に備えます。

危険1

車間距離をつめると、前車に衝突するかもしれない！

危険2

後続車が自車の前に急に割り込んでくるかもしれない！

（1）✕ 車間距離をつめると、**前車に追突する**おそれがあります。

（2）✕ 速度を落として、**安全に追い越し**をさせます。

（3）○ 速度を落として、**車間距離をあけます**。

本試験 —対策—

本試験テスト 一問一答 第**11**回

次の48問について、正しいものには「○」、誤っているものには「×」と答えなさい。配点は、問1～46が各1点、問47・48が各2点（3問すべて正解の場合）。

問1 原動機付自転車のブレーキは、やむを得ない場合を除き、はじめはやわらかく、その後必要な強さまで徐々にかけていくのがよい。

問2 原動機付自転車でカーブを曲がるときは、車体を外側に傾けるようにする。

問3 不必要な合図は、他の交通に迷いを与えることになり、危険を高めることになる。

問4 右の標示板は、一方通行であることを表している。　←

問5 交通事故の場合、相手に過失があって自分に責任がないときは、警察官に届けなくてもよい。

問6 原動機付自転車の法定速度は、時速30キロメートルである。

問7 車両通行帯が黄色の線で区画されているところでは、たとえ右折や左折のためであっても、黄色の線を越えて進路を変えてはならない。

問8 右の標識があったが、通行する車がなく、人もいなかったので、警音器を鳴らしながらそのままの速度で通行した。　徐行 SLOW

問9 信号機がある交差点で停止線がないときの停止位置は、信号機の直前である。

問10 深い水たまりを通った直後は、ブレーキパッドやブレーキライニングが水で濡れて、ブレーキの効きが悪くなることがある。

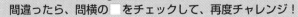
 答1 ○ ブレーキは、はじめは**やわらかく**、その後徐々に**必要な強さ**までかけていきます。

答2 × カーブでは**遠心力**が作用するため、**内側**に傾けないと曲がれません。

答3 ○ 他の交通に**迷い**を与えるような合図をしてはいけません。

答4 × 図は、**一方通行**ではなく、「**左折可**」を表す標示板です。

答5 × 交通事故の場合は、**過失の有無**にかかわらず警察官に届けます。

答6 ○ 原動機付自転車の法定速度は、時速30キロメートルです。

答7 ○ 設問の道路では、たとえ右折や左折のためであっても、**進路変更**してはいけません。

答8 × 「**徐行**」の標識があるところでは、警音器は**鳴らさず**に、通行する車がなくても**徐行**しなければなりません。

答9 × **信号機**の直前ではなく、**交差点**の直前が停止位置です。

答10 ○ ブレーキに水が入ると、ブレーキの効きが**悪くなる**ことがあります。

二輪車のブレーキのかけ方

急ブレーキは避け、数回に分けてかける。

強く　軽く

最初は**軽く**かけ、**必要な強さ**まで徐々にかける。

垂直　同時

車体を**垂直**に保ち、ハンドルを**切らない**状態で、前後輪ブレーキを**同時**にかける。

道路の曲がり角付近では、見通しが悪いときは追い越しが禁止されているが、見通しがよく安全が確認できれば追い越しをしてもよい。

疲れると視力が低下し、障害物を見落としたり見誤ったりするので、運転を中止して休息をとるようにする。

右の標識は、この先に上り坂があることを表している。

黄

追い越しをするときは、まず右側に寄りながら右側の方向指示器を出し、次に後方の安全を確かめるのがよい。

制動距離と停止距離は同じである。

夜間、対向車と行き違うときは、前照灯を減光するか下向きに切り替える。

雨天のアスファルト道路はきれいになるから、タイヤとの摩擦抵抗は大きくなり、晴天の場合より制動距離が短くなる。

右の道路標示がある場所で、午前7時に安全を確認して転回を行った。

下り坂のカーブに「右側通行」の標示があるときは、対向車に注意しながら、道路の右側部分を通行することができる。

黄
8~20

荷台のある原動機付自転車は、二人乗りをすることができる。

走行中に後車から追い越されるときは、速度を下げなければならない。

右の標識がある道路は、路線バス等を除くいかなる車両も通行してはならない。

設問の場所は、見通しがよい悪いにかかわらず、**追い越しが禁止**されています。

 疲労の**影響**は**目**に**最**も強く現れるので、休息をとって疲労をとります。

 設問の標識は、**上り坂の予告**ではなく、「**右方屈曲あり**」を表します。

 まず**安全を確かめて**から合図を出し、もう一度**安全確認**してから進路変更します。

 空走距離と**制動**距離を合わせた距離が停止距離です。

 前照灯を**減光するか下向き**に切り替えて、対向車の運転者を**げん惑**しないようにします。

 雨天時はタイヤとの摩擦抵抗が**小さく**なり、制動距離は**長く**なります。

 設問の標示は、8時から20時まで**転回禁止**を表しているので、午前7時には**転回**できます。

 「**右側通行**」の標示がある場所では、道路の**右側部分**を通行することができます。

 原動機付自転車の二人乗りは、どんな場合も**禁止**されています。

 速度を**上げて**はいけませんが、**下げなければならない**という規則はありません。

 路線バス等の「**専用通行帯**」は、**左折**する場合などや、**原動機付自転車**、**小型特殊自動車**、**軽車両**は通行できます。

追い越しの手順

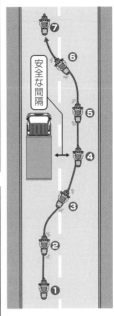

❶あらかじめ**バックミラー**などで周囲の安全を確かめる。

❷**右**側の方向指示器を出す。

❸もう一度安全を確かめ、約**3**秒後、ゆるやかに進路を変更する。

❹追い越す車の側方に、**安全な間隔**をとる。

❺**左**側の方向指示器を出す。

❻追い越した車と**安全な車間距離**が保てるぐらい進んでから、ゆるやかに進路を変更する。

❼**合図**をやめる。

問 23 交差点の手前30メートル以内の場所は、優先道路を通行している場合であっても、追い越しが禁止されている。

問 24 路線バスが発進の合図をして動き出したが、警音器を鳴らし、前車に続いてこれを追い越した。

問 25 原動機付自転車を運転するときは、歩行者や他の運転者の立場を尊重し、譲り合いと思いやりの気持ちをもつことが大切である。

問 26 消火栓や指定消防水利の標識が設けられている位置から5メートル以内の場所では、駐車をしてはならない。

問 27 右の標識があるところでは、他の車の右側に並び、平行に駐車することができる。

問 28 自動車損害賠償責任保険や責任共済は、自動車は加入しなければならないが、原動機付自転車は加入しなくてもよい。

問 29 左側部分が8メートルの道路で追い越しをするときは、道路の右側部分にはみ出すことができる。

問 30 交通量が少ないときは、他の道路利用者に迷惑をかけることはないので、自分の利便だけを考えて運転してもよい。

問 31 右の中央線があるところでは、追い越しのため、道路の右側部分にはみ出して通行してはならない。

問 32 二輪車のタイヤの点検は、空気圧、亀裂やすり減り、溝の深さに不足がないかなどについて行う。

問 33 原動機付自転車の荷台には、60キログラムの重さの荷物を積んで運転してはならない。

問 34 同じ距離であっても、小型車は近く、大型車は遠くに感じ、同じ速度で走っていても、夜間は昼間より速く感じやすい。

答23 × 優先道路を通行している場合は、例外として追い越しをすることができます。

 答24 × 急ブレーキや急ハンドルで避けるとき以外は、合図をした路線バスの発進を**妨げては**いけません。

 答25 ○ 自分本位の運転は、**交通事故**の原因になります。

 答26 ○ 設問の場所では、**駐車**をしてはいけません。

 答27 × 図は「**平行駐車**」の標識ですが、**道路の端**に対して**平行に駐車**しなければなりません。

 答28 × 原動機付自転車であっても、設問の **強制保険**には加入しなければなりません。

 答29 × 左側部分の幅が 6 メートル以上の道路では、右側部分にはみ出して追い越しできません。

 答30 × 他の道路利用者に対して**迷惑**をかけることがあるので、**自分の利便**だけを考えて運転してはいけません。

 答31 ○ 設問の標示は、「**追越しのための右側部分はみ出し通行禁止**」を表します。

 答32 ○ 設問のような**点検**をしてから運転します。

 答33 ○ 原動機付自転車に**積載**できる重量制限は、**30 キログラム**までです。

 答34 × 小型車は**遠く**、大型車は**近く**感じ、夜間は**昼間**より遅く感じます。

車の管理と保険

無免許の人や酒を飲んだ**人**には、車を貸してはいけない。

しっかり管理

車を勝手に持ち出されないように、鍵はしっかり保管しなければならない。

自賠責または責任共済

原動機付自転車も、**強制保険**（**自賠責保険**または**責任共済**）に加入しなければならない。

任意保険　安心

万一の事故に備え、**任意保険**にも加入しておく。

141

問 35 ☐ ☐ 右の標識は、「警笛禁止」を意味する。

問 36 ☐ ☐ 横断歩道を通過するとき、横断する人が明らかにいない場合は、とくに徐行や一時停止をする必要はない。

問 37 ☐ ☐ 踏切の先が混雑しているときは、踏切内に入らないようにする。

問 38 ☐ ☐ 左右の見通しの悪い交差点を通行する場合は、優先道路を通行しているときであっても、必ず徐行しなければならない。

問 39 ☐ ☐ 右の信号がある交差点では、原動機付自転車は右折と転回をすることができる（二段階右折する場合を除く）。

青

問 40 ☐ ☐ 交差点またはその付近以外のところで緊急自動車が接近してきたときは、道路の左側に寄って一時停止しなければならない。

問 41 ☐ ☐ 二輪車を運転中、ギアをいきなり高速からローに入れると、エンジンを傷めたり転倒したりするので、減速するときは、順序よくシフトダウンするようにする。

問 42 ☐ ☐ 自車が通行している車両通行帯の外側に黄色の線が引かれているときは、進路変更をしてもよい。

問 43 ☐ ☐ 酒を飲むと判断力や注意力が減退し、運転能力が低下するので、たとえ少量でも酒を飲んだときは運転してはならない。

問 44 ☐ ☐ 右図のような交差点で右折するときは、交差点の中で停止し、イの信号が青色になるまで待たなければならない。

問 45 ☐ ☐ 走行中、携帯電話に表示されたメールなどの画像を注視して運転してはならない。

問 46 ☐ ☐ 一方通行の道路から右折するときは、あらかじめできるだけ道路の右端に寄り、交差点の中心の内側を通行しなければならない。

答35 設問の標識は、「警笛鳴らせ」を意味します。

 答36 横断する人が明らかにいない場合は、とくに**徐行**や**一時停止**をする必要はなく、**そのまま**進めます。

 答37 **踏切の中で止まってしまう**おそれのあるときは、踏切内に**進入**してはいけません。

 答38 **信号機**があったり**優先道路**を通行しているときは、徐行の必要はありません。

 答39 設問の信号では、原動機付自転車は**右折**と**転回**をすることができます。

 答40 必ずしも**一時停止**の必要はなく、道路の**左**側に寄って進路を譲ります。

 答41 減速するときは、**順序よくシフトダウン**するようにします。

 答42 進路変更が禁止されているのは、自車が通行している側に**黄色の線**が引かれている場合です。

 答43 少量でも酒を飲んだときは、車を**運転**してはいけません。

 答44 アの信号が**青色**であれば、イの信号が**青色**になるまで待つ必要はありません。

 答45 運転に集中できなくなり**危険**なので、**画像を注視**して運転してはいけません。

 答46 一方通行路では、あらかじめできるだけ道路の**右**端に寄ります。

徐行しなければならない場所

1 「**徐行**」の標識がある場所。

2 左右の見通しがきかない**交差点**（交通整理が行われている場合や、**優先道路**を通行している場合を除く）。

3 道路の**曲がり角**付近。

4 **上り坂の頂上**付近。

5 こう配の急な**下り坂**。

143

問47 時速20キロメートルで進行しています。交差点を左折するときは、どのようなことに注意して運転しますか？

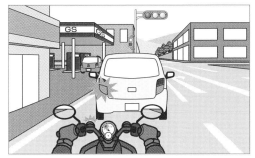

(1) 　□□　前車は、ガソリンスタンドに入ると思われるので、右の車線に移り、前車を追い越して左折する。

(2) 　□□　前車は、ガソリンスタンドに入るかどうかわからないので、十分車間距離を保ち、その動きに注意して進行する。

(3) 　□□　前車も交差点を左折すると思うので、前の車に接近して左折する。

問48 時速30キロメートルで進行しています。前方が渋滞しているときは、どのようなことに注意して運転しますか？

(1) 　□□　自車のほうが優先道路であり、左側の車は一時停止すると思われるので、交差点の中で停止する。

(2) 　□□　後続車があるので、そのまま交差点内に入って停止する。

(3) 　□□　左側の車の進路の妨げになるので、交差点の手前で停止する。

答 47

危険1

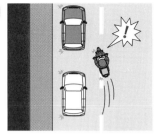

前車を追い越すと、その前にも左折車がいて左折できないかもしれない！

危険2

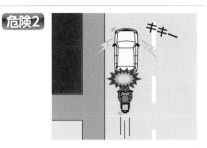

前車が急に減速して、追突するかもしれない！

(1) ✕ **右折車線**から左折してはいけません。

(2) ◯ **車間距離**を保ち、速度を落として進行します。

(3) ✕ 前車は急に減速して、**ガソリンスタンドに入る**おそれがあります。

答 48

危険1

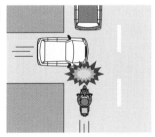

左側の車が急に出てきて、**自車と衝突する**かもしれない！

危険2

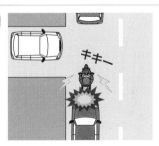

急に減速すると、後続車に追突されるかもしれない！

(1) ✕ 左側の車は**一時停止**するとは限らず、**交差点の中で停止**してはいけません。

(2) ✕ 左側の車が**交差点に入ってくる**おそれがあるので、交差点の中で停止してはいけません。

(3) ◯ 後続車に注意しながら、**交差点の手前**で停止します。

次の 48 問について、正しいものには「○」、誤っているものには「×」と答えなさい。配点は、問 1 ～ 46 が各 1 点、問 47・48 が各 2 点（3 問すべて正解の場合）。

問1 □ □ 黄色の線で区画されている車両通行帯では、緊急自動車が接近してきても、通行帯を変えてまで進路を譲らなくてもよい。

問2 □ □ 二輪車で走行中、エンジンの回転が上がったままになったときは、点火スイッチを切ることが大切である。

問3 □ □ 右の標識があるところでは、この先で左方から進入してくる車があるかもしれないので、十分注意して通行する。

黄

問4 □ □ 二輪車のブレーキ操作は、ハンドルを切らずに身体をまっすぐにして、前後のブレーキを同時にかける。

問5 □ □ 幅が広い白線 1 本の路側帯があるところで、車体の一部を路側帯に入れ、左側に 0.75 メートルの余地をとって車を止めた。

問6 □ □ 標識や標示によって一時停止が指定されている交差点で、他の車などがなく、とくに危険がない場合は、一時停止する必要はない。

問7 □ □ 歩道に右のような黄色の標示があるところで、荷物をおろすために停止した。

黄

問8 □ □ 信号機の信号が赤色の灯火の点滅を表示しているとき、車は一時停止か徐行しなければならない。

問9 □ □ 右図の A 車は、B 車が通り過ぎるまで交差点の中で待っていなければならない。

問10 □ □ 気分が不安定なときやひどく疲れているとき、身体の調子が悪いときは、事故を起こしやすいので車の運転を控える。

正解・解説部分に を当てながら解いていこう。
間違ったら、問横の □ をチェックして、再度チャレンジ！

合格点
45点以上

目安の時間
45分

 緊急自動車に進路を譲るときは、**通行帯を変えてもかま**いません。

 点火スイッチを切って、エンジンの**回転**を止めることが大切です。

 図は「**合流交通あり**」の標識で、**左方**から進入してくる車に注意して運転します。

 二輪車のブレーキ操作は、**設問のように**行います。

 0.75 メートルを超える白線 1 本の路側帯では、**中に入って**止められます。

 標識などで指定されている場合は、必ず**一時停止**しなければなりません。

 図は「**駐停車禁止**」の標示で、**荷物の積みおろし**であっても止められません。

 赤色の点滅信号では、必ず**一時停止**しなければなりません。

 右折する車は、**直進**する車の進行を妨げてはいけません。

 気分や体調が悪いときは、運転に集中できなくなり**危険**なので、**運転をしない**ようにします。

路側帯がある道路で駐停車するとき

● 幅が 0.75 メートル以下の白線1本の路側帯

車道の左端
0.75m 以下

車道の左端に沿って駐停車する。

● 幅が 0.75 メートルを超える白線1本の路側帯

0.75m を超える
0.75m 以上
中に入る

路側帯の中に入り、左側に 0.75 メートル以上の余地を残して駐停車する。

● 2本線の路側帯

車道の左端　車道の左端

白の破線と実線は「**駐停車禁止路側帯**」、白の実線2本は「**歩行者用路側帯**」で、ともに**車道の左端**に沿って駐停車する。

問 11 □ □ 原動機付自転車の制動方法は、エンジンブレーキを効かせながら、前輪および後輪のブレーキを同時にかける。

問 12 □ □ 交差点やその付近でない一方通行の道路を走行中、緊急自動車が接近したときは、どんな場合も必ず道路の左側に寄って進路を譲らなければならない。

問 13 □ □ 少量の酒を飲んだが、酔わない自信があったので、慎重に原動機付自転車を運転した。

問 14 □ □ 右の標識は、この先の道路が工事中で車が通行できないことを表している。

黄

問 15 □ □ 走行中は、初心者マークや仮免許練習標識を付けた車を追い越したり追い抜いたりしてはならない。

問 16 □ □ 上り坂の頂上付近やこう配の急な下り坂であっても、道幅が広ければ徐行しなくてもよい。

問 17 □ □ 一方通行の道路では、車は道路の中央から右の部分にはみ出して通行することができる。

問 18 □ □ 右の道路標示は、転回禁止であることを示している。

問 19 □ □ 制動距離は、空走距離と停止距離を合わせたものである。

黄

問 20 □ □ 追い越しをするときは、右の方向指示器を出し、約3秒後に最高速度の制限内で加速しながら進路をゆるやかにとり、前車の右側を安全な間隔を保ちながら通過する。

問 21 □ □ 右の標識がある区間内では、見通しのよい交差点であっても、警音器を鳴らさなければならない。

問 22 □ □ かぜ薬や頭痛薬を服用すると体調がよくなるので、どのような薬を服用しても運転を控える必要はない。

原動機付自転車のブレーキは、前後輪のブレーキを**同時にかける**のが基本です。

 左側に寄ると緊急自動車の進行を 妨 げる場合は、**右側に寄ります**。

 たとえ少量でも酒を飲んだら、**車を運転**してはいけません。

 図の標識は、この先の道路が**工事中**であることを示していますが、**通行できない**わけではありません。

  初心者マークや仮免許練習標識を付けた車への**追い越しや追い抜き**は、とくに禁止されていません。

 設問の場所は、道幅に関係なく、**徐行場所**に指定されています。

 一方通行の道路は**対向車が来ない**ので、右側部分には**はみ出して**通行することができます。

  図は「転回禁止」の標示を表し、車は**転回**してはいけません。

  制動距離は、ブレーキが**効き始めて**から車が停止するまでの距離です。

  追い越しをするときは、**設問のように**行います。

  図は「警笛区間」を表し、見通しのきかない**交差点**を通行するときに警音器を鳴らします。

眠気を 催 す成分が含まれている薬を服用したときは、運転を控えます。

標識（マーク）を付けた車の保護

下記のマークを付けた車に対する**幅寄せ**や**割り込み**は禁止。

● 初心運転者標識
（初心者マーク）

黄　　　　　緑

● 高齢運転者標識
（高齢者マーク）

オレンジ　　黄緑
　　　　　　緑
黄

● 身体 障 害者標識
（身体障害者マーク）

● 聴 覚障害者標識
（聴覚障害者マーク）

緑

黄

● 仮免許練習標識

**仮免許
練習中**

問 23 □ □ 自分本位の運転は、他の車に迷惑をかけるだけでなく、交通事故の原因にもなる。

問 24 □ □ 車両通行帯が黄色の線で区画されているところでは、車は原則として黄色の線を越えて進路を変更してはならない。

問 25 □ □ 車は、右の標識があるところで転回してもよい。

問 26 □ □ 交通事故の責任は、事故を起こした運転者だけにあって、車を貸した者にはその責任がない。

問 27 □ □ 走行中の速度を半分に落とせば、徐行したといえる。

問 28 □ □ 交差点で交通巡視員が灯火を頭上に上げているとき、その交通巡視員の身体の正面の交通は、赤信号と同じと考えてよい。

問 29 □ □ 右図のような交通整理の行われていない道幅が異なる交差点では、原動機付自転車は左方の普通自動車に進路を譲らなければならない。

問 30 □ □ 夜間、対向車のライトがまぶしいときは、それを見つめて、その光に早く慣れるようにしたほうがよい。

問 31 □ □ 交差点で警察官が「止まれ」の手信号をしていたので、警察官の1メートル手前で停止した。

問 32 □ □ 深い水たまりを通ると、ブレーキに水が入って、一時的にブレーキの効きがよくなる。

問 33 □ □ 右の標識は「指定方向外進行禁止」を表し、直進することはできない。

問 34 □ □ 左折するときは合図をしなければならないが、進路を左方に変えるときは合図をしなくてもよい。

歩行者や他の車に注意し、**思いやりの気持ち**をもって運転します。

 黄色の線がある道路では、原則として**その線を越えて**進路を変更してはいけません。

 「**車両横断禁止**」の標識がある場所での**転回**は、とくに禁止されていません。

 車を貸した者が**責任を問われる**場合もあります。

 徐行とは、車が**すぐに停止できる**ような速度で進行することをいいます。

 交通巡視員の身体の正面に対面する方向の交通は、**赤色の灯火信号**と同じ意味を表します。

 道幅が広いほうが優先なので、原動機付自転車が**先に通行**できます。

 視点をやや**左前方**に移し、**目がくらまない**ようにします。

 設問の場合は、**交差点の直前**で停止します。

 ブレーキに水が入ると、一時的にブレーキが**効かなくなる**ことがあります。

 設問の標識がある場所は**矢印の方向以外**には進行できないので、**直進**はできません。

 進路変更をするときも**合図**をしなければなりません。

「指定方向外進行禁止」の標識の意味

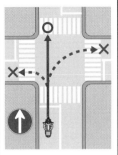

矢印の方向以外の方向に進行してはいけない。

●右折禁止

●直進・右折禁止

●右折・左折禁止

●直進禁止

●標識の右側の通行禁止

問 35	☐ ☐	夜間走行中、自車と対向車のライトの影響で道路の中央付近の歩行者が見えなくなることがあるが、これを蒸発現象という。

問 36	☐ ☐	右の標識は、「最低速度時速 30 キロメートル」を表している。	(30)

問 37	☐ ☐	運転者が危険を感じてからブレーキをかけ、ブレーキが効き始めるまでに走る距離を制動距離という。

問 38	☐ ☐	原動機付自転車を運転するときは、走行距離や運行時の状態などから判断した適切な時期に日常点検をしなければならない。

問 39	☐ ☐	信号機があり、左側部分に車両通行帯が3つ以上ある道路で原動機付自転車が右折するときは、二段階右折の方法をとらなければならない。

問 40	☐ ☐	右の手による合図は、左折か左に進路変更することを表している。

問 41	☐ ☐	転回は危険な行為であるから、合図をして、完全に他の車を止めてから行う。

問 42	☐ ☐	路線バス等の専用通行帯は、原動機付自転車や軽車両は通行することができるが、自動車はすべて通行できない。

問 43	☐ ☐	安全地帯のない路面電車の停留所では、路面電車の後方で一時停止して、乗降客や横断する人がいなくなるのを待たなければならない。

問 44	☐ ☐	右図のような車両通行帯があるところでは、Aを通行する車は、Bへ進路を変えてはいけない。

問 45	☐ ☐	道路の曲がり角付近は、追い越し禁止場所であり、徐行しなければならない場所でもある。

問 46	☐ ☐	原動機付自転車を運転中、交通量が多かったので、速度を落として路側帯を通行した。

蒸発現象は、自車と対向車とのライトの間で、歩行者が**一時的に見えなくなる現象**をいいます。

 最低速度ではなく、「**最高速度時速30キロメートル**」を表します。

 設問の内容は、**制動**距離ではなく、**空走**距離といいます。

 日常点検は、日ごろから**自分自身の責任**において行う点検です。

 設問のような交差点で右折する原動機付自転車は、**二段階右折**しなければなりません。

 運転者が腕を車の外に出しひじを垂直に上に曲げる合図は、**左折か左に進路変更**することを表します。

 他の交通の妨げとなるときは、危険なので転回してはいけません。

 小型特殊自動車は、路線バス等の専用通行帯を通行できます。

 安全地帯がない場合は、乗降客や横断する人がいなくなるまで、**後方で停止して**待たなければなりません。

 設問の図のような場合、AからBへは進路変更できますが、BからAへは進路変更してはいけません。

 曲がり角付近は**危険**なので、**追い越し**禁止場所、**徐行**しなければならない場所に指定されています。

 たとえ原動機付自転車でも、路側帯を**通行してはいけま**せん。

停止距離

空走距離 ＋ **制動距離**

●空走距離

危険を感じてから**ブレーキをかけ、ブレーキが実際に効き始める**までに走る距離。

●制動距離

ブレーキが実際に効き始めてから**停止する**までに走る距離。

運転者が疲れていると、**空走**距離が長くなる。

濡れた路面を走行するとき、重い荷物を積んでいるときは、**制動**距離が長くなる。

速度が上がると、**停止**距離が長くなる。

153

問 47 時速20キロメートルで進行しています。どのようなことに注意して運転しますか？

(1) □ □ 　後続車が自車に接近してきているので、前車に続いてトラックを追い越す。

(2) □ □ 　前車が追い越しをしようとしているが、途中で追い越しを中止するかもしれないので、車間距離をあけてこのまま進行する。

(3) □ □ 　後続車が自車を追い越すかもしれないので、割り込まれないように、前車との車間距離をつめる。

問 48 時速30キロメートルで進行しています。駐車しているトラックにさしかかったときは、どのようなことに注意して運転しますか？

(1) □ □ 　トラックのかげの歩行者は車道を横断するおそれがあるので、ブレーキを数回に分けてかけて後続車に注意を促し、いつでも止まれるように減速する。

(2) □ □ 　左の路地から車が出てくるかもしれないので、中央線寄りを進行する。

(3) □ □ 　トラックのかげの歩行者はこちらを見ており、車道を横断することはないので、このままの速度で進行する。

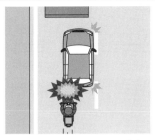

無理に追い越すと、対向車と衝突するかもしれない！

無理に車間距離をつめると、前車に追突するかもしれない！

(1) 前方の安全を確認しないまま追い越しをしてはいけません。

(2) ◯ 車間距離をあけて、このまま進行するのが**安全**です。

(3) ✕ 無理に車間距離をつめると、**前車に追突する**おそれがあります。

 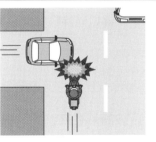

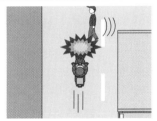

左側の路地から、車が急に出てくるかもしれない！

トラックのかげの歩行者は、自車の接近に気づかず道路を横断するかもしれない！

(1) ◯ **いつでも止まれる**ように速度を落とし、急な飛び出しに備えます。

(2) ✕ 中央へ寄ると、**歩行者と接触**するおそれがあります。

(3) ✕ 歩行者が**急に飛び出してくる**おそれがあるので、このままの速度では**危険**です。

本試験 —対策—

本試験テスト 一問一答 第⑬回

次の48問について、正しいものには「○」、誤っているものには「×」と答えなさい。配点は、問1〜46が各1点、問47・48が各2点（3問すべて正解の場合）。

問1 原動機付自転車は、歩道と車道の区別のある広い道路では、車道であれば、どの部分を通行してもよい。

問2 原動機付自転車で長い下り坂を走行するときは、前後輪のブレーキを主として使い、エンジンブレーキは補助的に使うのがよい。

問3 変形ハンドルにしたり、マフラーを取りはずした二輪車は、運転してはならない。

問4 右の標識がある道路であっても、自転車や歩行者は通行してよい。

問5 交通事故を起こしたときは、警察官に事故現場を見てもらう必要があるので、衝突した自動車や負傷者は、警察官が来るまでそのままにしておく。

問6 交差点内で後方から緊急自動車が接近してきたときは、その場で一時停止して進路を譲らなければならない。

問7 一方通行の道路では、右側に駐車してもよい。

問8 右の標識があるところを通行する車は、標識の直前で必ず一時停止しなければならない。

問9 信号機の信号が赤色の灯火の点滅を表示している交差点で右左折するときは、交差点の直前で一時停止して安全を確かめる。

問10 左折や右折をしようとする車がそれぞれ合図をした場合、後方の車は、原則として合図をした車の進路変更を妨げてはならない。

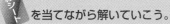 正解・解説部分に 赤シート を当てながら解いていこう。
間違ったら、問横の □ をチェックして、再度チャレンジ！

 どの**部分**でもよいわけではなく、道路の中央から**左**の部分を通行します。

 長い下り坂では**エンジン**ブレーキを活用し、前後輪ブレーキは**補助的**に使用します。

 設問のような二輪車は、**危険**であり**迷惑**になるので運転してはいけません。

 「**通行止め**」の標識がある道路は、歩行者、車、路面電車のすべてが**通行**できません。

 続発事故防止の措置をとって、負傷者をただちに**救護**します。

 設問のようなときは、**交差点**を避け、道路の**左**側に寄って**一時停止**しなければなりません。

 一方通行の道路であっても、**左**側に駐車しなければなりません。

 図は「**停止線**」を表しますが、必ずしも**一時停止**する必要はありません。

 赤色の点滅信号では、**一時停止**して安全を確かめなければなりません。

 急**ブレーキ**や急**ハンドル**で避けなければならない場合を除き、前車の**進路変更**を妨げてはいけません。

車が通行するところ（車両通行帯がない道路）

歩道や路側帯と車道の区分のある道路では、原則として**車道**を通行する。

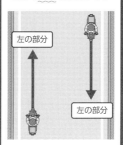

中央線がないときは、原則として道路の中央から**左**の部分を通行する。

中央線があるときは、原則として中央線から**左**の部分を通行する。

問11 ☐ ☐ 正面衝突のおそれが生じた場合は、道路外が危険な場所でなくても、道路外に出ることをしてはならない。

問12 ☐ ☐ 片側ががけの狭い道路で行き違うときは、がけ側の車が一時停止するのがよい。

問13 ☐ ☐ 右の標識は、この先の道路の幅が狭くなることを表している。

黄

問14 ☐ ☐ 環状交差点を出るときに行う合図の時期は、出ようとする地点の直前の出口の側方を通過したときである。

問15 ☐ ☐ 夜間の走行では、前車の尾灯や制動灯にとくに注意する必要がある。

問16 ☐ ☐ 運転者が疲れているときは空走距離が長くなるので、車間距離を多めにとる必要がある。

問17 ☐ ☐ 右の標示がある場所は、通行することも停止することもできない。

問18 ☐ ☐ 「転回禁止」の標識がないところでも、歩行者や他の車などの正常な交通を妨げるおそれがあるときは、転回してはならない。

問19 ☐ ☐ 二輪車を運転中、ハンドルを切りながら前輪ブレーキを強くかけると転倒しやすい。

問20 ☐ ☐ 狭い坂道での行き違いは、下りの車が上りの車に譲るのが基本である。

問21 ☐ ☐ 騒音を出したり、有害なガスを発散したりして、他人に迷惑をかけるおそれのある自動車の運転は禁止されている。

問22 ☐ ☐ 右の標識は、自動車と原動機付自転車が通行できることを表している。

答11 ✕ 道路外が**危険な場所**でなければ、道路外に出て正面衝突を回避します。

 答12 ◯ 危険な**がけ**側の車が安全な場所に一時停止して道を譲ります。

 答13 ✕ 図は、**車線数が減少する**ことを意味する「**車線数減少**」の警戒標識です。

答14 ◯ 環状交差点を**出ようとする**地点の直前の出口の側方を通過したときに合図を行います。

答15 ◯ 夜間は周囲が暗いので、前車の尾灯や制動灯にとくに**注意して走行**します。

答16 ◯ 疲れてくると、危険を感じてブレーキをかけ、ブレーキが効き始めるまでに車が走る距離（**空走距離**）が**長く**なります。

答17 ✕ 設問の標示は「**停止禁止部分**」を表し、**停止**することはできませんが、**通行**することはできます。

答18 ◯ 歩行者や他の車などの**正常な交通**を妨げるおそれがあるときは、転回してはいけません。

答19 ◯ ハンドルを切りながら前輪ブレーキを強くかけると、**転倒**しやすくなります。

答20 ◯ **下り**の車が、発進の難しい**上り**の車に道を譲るのが原則です。

答21 ◯ **他人に迷惑をかける**おそれのある自動車は、運転してはいけません。

答22 ✕ 図は「**車両（組合せ）通行止め**」を表し、**自動車**と**原動機付自転車**は通行できません。

緊急事態を回避する方法

●対向車と正面衝突のおそれが生じたとき

❶**警音器**とブレーキで、できるだけ道路の**左側**に避ける。

❷ブレーキとハンドルでかわすようにし、道路外が危険な場所でない場合は、**道路外に出て**衝突を回避する。

●エンジンの回転数が上がったままになったとき

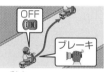

❶**点火スイッチ**を切り、エンジンの**回転**を止める。

❷ブレーキをかけて減速し、道路の**左側**に寄って停止する。

●走行中、タイヤがパンクしたとき

❶**ハンドル**をしっかり握り、車体をまっすぐに保つ。

❷**アクセル**をゆるめ、ブレーキを**断続的**にかけて速度を落とし、道路の**左側**に寄って停止する。

159

問23 最も左側の車線が路線バス等の専用通行帯に指定されているとき、小型特殊自動車以外の自動車は、原則としてその通行帯を通行することができない。

問24 交差点で警察官が両腕を垂直に上げているとき、警察官の身体の正面に対面する方向の交通は、赤色の灯火信号と同じである。

問25 上り坂の頂上付近やこう配の急な下り坂は駐停車禁止だが、こう配の急な上り坂は駐停車禁止場所に指定されていない。

問26 車を運転中に右の標識があったので、すぐに停止できるように時速10キロメートル以下に速度を落とした。

徐行
SLOW

問27 自動車損害賠償責任保険や責任共済への加入は、自動車は強制だが、原動機付自転車は任意である。

問28 雨の日は、晴れの日よりも速度を落とし、一定速度で走行し、急ハンドルや急ブレーキをかけないようにする。

問29 正面の信号が赤色の灯火で、同時に青色の矢印信号が左へ表示されたとき、自動車や原動機付自転車は矢印の方向へ進行できるが、軽車両は進行してはならない。

問30 右の標示があるところでは、道路の中央から右側部分にはみ出して通行することができる。

問31 二輪車でカーブを曲がるときは、車体をカーブの外側に傾ける。

問32 自動車や原動機付自転車を運転するときは、運転免許証は家に大切に保管し、そのコピーを携行するとよい。

問33 車が左折しようとするときは、あらかじめできるだけ道路の左端に寄り、交差点の側端を徐行しなければならない。

問34 信号機がある踏切では、車は青色の灯火信号に従って、停止することなく通過することができる。

小型特殊自動車以外の自動車は、原則として路線バス等の専用通行帯を**通行**できません。

警察官の手信号は、**赤色の灯火**信号と同じです。

こう配の急な上り坂も、**駐停車禁止場所**に指定されています。

「徐行」の標識がある場所では、おおむね時速 **10** キロメートル以下の速度に落として通行します。

設問の保険は**強制保険**なので、原動機付自転車も必ずどちらかに**加入**しなければなりません。

雨の日は、晴れの日より**速度を落とす**など、**安全に走行**します。

左向きの青色の矢印信号は、**軽車両も左折**することができます。

図は「**右側通行**」を表し、対向車に十分注意し、右側部分に**はみ出して通行**できます。

二輪車でカーブを曲がるときは、車体をカーブの**内側**に傾けます。

コピーではなく、**運転免許証**を携行しなければなりません。

左折するときは、あらかじめできるだけ道路の**左**端に寄り、交差点の**側端を徐行**しながら通行します。

踏切用の信号が青色のときは、**信号に従って**通過することができます。

道路の右側にはみ出して通行できるとき

一方通行の道路。

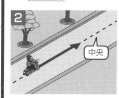
通行するのに**十分な道幅**がないとき。

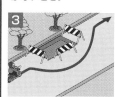
道路工事などで**やむを得ないとき**。

片側**6**メートル未満の見通しのよい道路で**追い越し**をするとき（禁止場所を除く）。

「**右側通行**」の標示があるとき。

問35 □ □ 右の標識は、「自転車道」か「自転車専用道路」であることを示している。

問36 □ □ 転回するときの合図の時期は、転回しようとする約3秒前である。

問37 □ □ 酒を飲んだときや、シンナーなどの影響を受けているときは、車などの運転をしてはならない。

問38 □ □ 車両通行帯がある道路で、指定された区分に従って通行しているときは、緊急自動車が近づいても、そのまま進行してよい。

問39 □ □ 雪道では、車の通った跡を走るのは危険なので、避けて通るようにする。

問40 □ □ 右の信号がある交差点では、車は他の交通に注意しながら左折することができる。

黄

問41 □ □ 交差点や交差点付近でないところで緊急自動車が近づいてきたときは、徐行しなければならない。

問42 □ □ 路線バスの停留所の標示板（標示柱）から10メートル以内の場所は、バスの発着の妨げになるので、その運行時間中に限り、駐車も停車も禁止されている。

問43 □ □ 道路の左端に止まっている車が右側の方向指示器を操作したときは、その車は発進しようとしていると考えてよい。

問44 □ □ 右の2つの標識のあるところでは、後退も禁止されている。

問45 □ □ 制動灯はブレーキと連動してつくので、断続的にかけると後続車の妨げとなり、事故の原因となる。

問46 □ □ タイヤがすり減っていると、路面とタイヤとの摩擦抵抗は小さくなって制動距離は長くなるが、空走距離には影響しない。

設問の標識は、「**自転車横断帯**」を示しています。

転回するときの合図は、転回しようとする地点から30メートル手前に達したときに行います。

酒を飲んだときや、シンナーなどの影響を受けているときは、**車を運転**してはいけません。

通行区分とは関係なく、緊急自動車に進路を譲ります。

脱輪を防止するためにも、車の通った跡（わだち）を走ったほうが安全です。

路面電車は左折することができますが、**車は左折**してはいけません。

必ずしも**徐行**の必要はなく、道路の**左**側に寄って進路を譲ります。

設問の場所は、バスの**運行時間中**に限り、駐車も停車も禁止されています。

設問のような場合は、**車が発進する**ことに注意して運転します。

左は「**車両横断禁止**」、右は「**転回禁止**」を表しますが、ともに後退はとくに**禁止**されていません。

ブレーキを断続的にかけると、後続車への**合図**となり、**追突防止**に役立ちます。

タイヤのすり減りは**制動距離**には影響しますが、**空走距離**には影響しません。

矢印信号の意味
●青色の矢印

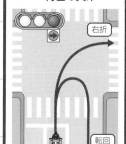

車は、**矢印の方向**に進める（右向きの矢印の場合は、**転回**もできる）。ただし、右向きの矢印の場合、**軽車両**、二段階右折する**原動機付自転車**は進めない。

●黄色の矢印

路面電車だけ矢印の方向に進め、**車**は進めない。

断続ブレーキの意味

制動灯が点滅するので、後ろの車の**よい合図**になる。

163

問 47 時速30キロメートルで進行しています。どのようなことに注意して運転しますか？

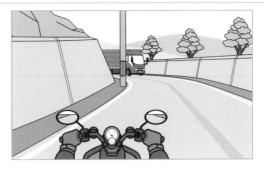

(1) □ □ 車幅が狭い二輪車は電柱のそばを通行することができると思われるので、このままの速度で車体を傾けてカーブを進行する。

(2) □ □ 左側に電柱があるので、電柱の手前で速度を落として進行する。

(3) □ □ 道幅が狭く、対向車も近づいてきているので、カーブの手前で十分速度を落とし、その様子を見ながら進行する。

問 48 時速30キロメートルで進行しています。橋の上を通行するときは、どのようなことに注意して運転しますか？

(1) □ □ とくに危険はないように思うので、前車との間隔を保ちながら、このままの速度で進行する。

(2) □ □ 橋の上は風の影響を受けやすいので、速度を落とし、ハンドルをとられないようにしっかり握って進行する。

(3) □ □ 周囲の車が風の影響を受けてふらつくかもしれないので、その動きに注意する。

危険1

このままの速度で進行すると、曲がりきれずに対向車と衝突するかもしれない！

危険2

このままの速度で進行すると、車体を傾けすぎて電柱に接触するかもしれない！

（1）　✕　このままの速度で進行すると、**カーブを曲がりきれない**おそれがあります。

（2）　○　カーブに入る前に、**速度を落として**進行します。

（3）　○　**対向車の接近**にも注意しながら進行します。

危険1

急に横風が吹いて、ハンドルをとられるかもしれない！

危険2

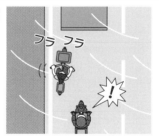

周囲の車が風の影響を受けて、自車と衝突するかもしれない！

（1）　　風の影 響 を受けて**ハンドルをとられる**おそれがあります。

（2）　○　速度を落とし、**ハンドルをとられない**ように注意して進行します。

（3）　○　風の影響を予測して、**周囲の車の動き**にも注意を向けます。

本試験
—対策—

本試験テスト
一問一答
第**14**回

次の 48 問について、正しいものには「○」、誤って
いるものには「×」と答えなさい。配点は、問1～
46 が各1点、問47・48 が各2点（3問すべて正
解の場合）。

問1 加速して追い越そうとしたが、前車が右折のため進路を道路の中央に寄せて通行していたので、その右側を追い越した。

問2 右の標識があるところでは、見通しのよい道路の曲がり角であっても、警音器を鳴らさなければならない。

問3 二輪車の運転は、身体で安定を保ちながら走り、停止すれば安定を失うという特性があり、四輪車とは違った運転技術が必要である。

問4 違法に駐車している車の運転者は、警察官や交通巡視員から、その移動を命じられることがある。

問5 ブレーキペダルを数回に分けてかけると、ブレーキ灯が点滅するので、後続車への合図にもなり、追突事故防止などに役立つ。

問6 右の標示があるところに車を止め、5分以内で荷物の積みおろしを行った。

黄

問7 信号機の青色の灯火は「進め」なので、前方の交通に関係なく、すぐに発進しなければならない。

問8 車が進路を変えずに進行中の前車の前に出る行為は、追い越しではなく追い抜きになる。

問9 右の路側帯があるところでは、路側帯の中に入って駐停車をしてはならない。

路側帯　車道

問10 曲がり角やカーブでは、ブレーキをかけながらハンドルを切るとよい。

正解・解説部分に 赤シート を当てながら解いていこう。
間違ったら、問横の□をチェックして、再度チャレンジ！

合格点 45点以上

目安の時間 45分

前車が右折のため中央に寄っているときは、その**左**側を通行します。

「警笛鳴らせ」の標識があるところでは、見通しがよい悪いにかかわらず、**警音器を鳴らさなければ**なりません。

二輪車は、四輪車とは違った**運転技術**が必要です。

警察官や交通巡視員から指示があった場合には、すみやかに**車を移動**しなければなりません。

後続車への合図となり、**追突される**のを防止するのに役立ちます。

「駐車禁止」の標示がある場所は、5分以内の荷物の積みおろしのための**停車**をすることができます。

渋滞していて**交差点内で停止する**おそれがある場合は、信号機が青色の灯火でも**進んでは**いけません。

進路を**変える**のが追い越し、進路を**変えない**のが追い抜きです。

図は「**駐停車禁止路側帯**」なので、中に入って**駐停車**してはいけません。

事前に速度を落とし、**ハンドルを切る**のではなく、**車体を傾ける**ことによって自然に曲がります。

追い越しの方法

●車を追い越すとき

原則

前車の**右**側を通行する。

例外

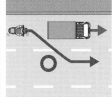

前車が**右折**するため、道路の**中央**に寄っているときは、その**左**側を通行する。

●路面電車を追い越すとき

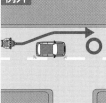

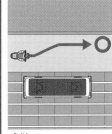

軌道が道路の**左**側に寄って設けられているときを除き、路面電車の**左**側を通行する。

問11 ☐ ☐ 交差点や交差点付近で緊急自動車が接近してきたときは、その場で一時停止しなければならない。

問12 ☐ ☐ 制動距離は速度の2乗に比例するので、速度が2倍になると制動距離はおおよそ4倍になる。

問13 ☐ ☐ 上り坂の頂上付近を走行中、前車の速度が遅かったので、その車を追い越した。

問14 ☐ ☐ 右の標識は、前方に交差する道路があることを表している。

問15 ☐ ☐ 速度が一定であれば、路面の状態に関係なく、停止距離はつねに同じである。

問16 ☐ ☐ 正面衝突の危険があるとき、道路外が危険な場所でない場合であっても、道路から出てはならない。

問17 ☐ ☐ 一方通行の道路では、速度の速い車は右側を通行しなければならない。

問18 ☐ ☐ 右の標識があるところでは、この先で左方から進入してくる車があるかもしれないので、十分注意して通行しなければならない。

黄

問19 ☐ ☐ 追い越しをする場合は、方向指示器で合図をし、加速しながらゆるやかに進路を変えるのがよい。

問20 ☐ ☐ 原動機付自転車を運転するときは、工事用安全帽であっても、必ずかぶらなければならない。

問21 ☐ ☐ 右の標示があるところでは、A車もB車も右側部分にはみ出して追い越しをしてはならない。

A　B

中央線（黄）

問22 ☐ ☐ 転回が禁止されている場所であっても、交通事故などで混雑している場合は転回をしてもよい。

その場ではなく、**交差点**を避け、道路の**左**側に寄って**一時停止**します。

 制動距離は、速度が 2 倍になればおおむね 4 倍になります。

 上り坂の頂上付近は、**追い越し禁止場所**に指定されています。

 設問の標識は「**優先道路**」を表し、**標識がある側**の道路が優先道路であること示しています。

  速度が一定でも、**路面が濡れている**など、状態によっては停止距離が**長く**なります。

 危険な場所でなければ、**道路外に出て**衝突を回避します。

 車の**速度**に関係なく、**左側寄り**を通行しなければなりません。

  設問の標識は「**合流交通あり**」を表し、**左方から進入**してくる車に注意します。

  方向指示器で合図をしてから、加速しながら**ゆるやかに**進路を変えます。

  工事用安全帽は**乗車用ヘルメット**ではないので、**運転**には使用できません。

黄色の線をはみ出して追い越しをしてはいけません。

警察官の指示がない限り、**転回**してはいけません。

緊急自動車に進路を譲る方法

❶交差点やその付近では

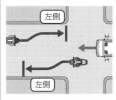

交差点やその付近では**交差点**を避け、道路の**左**側に寄って**一時停止**する。

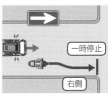

一方通行路で、左側に寄るとかえって緊急自動車の**妨げとなる**ときは、**交差点**を避け、道路の**右**側に寄って**一時停止**する。

❷交差点やその付近以外では

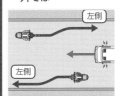

道路の**左**側に寄る。

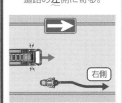

一方通行路で、左側に寄るとかえって緊急自動車の**妨げとなる**ときは、道路の**右**側に寄る。

問23 明るいところから急に暗いトンネルに入ると、視力は一時急激に低下するので、トンネルに入る前に速度を落とすべきである。

問24 歩行者のそばを通るときは、必ず徐行しなければならない。

問25 車両通行帯がある道路で、標識や標示によって進行方向ごとに通行区分が指定されているときは、原則としてその区分に従って通行しなければならない。

問26 右の標識があるところでは、原動機付自転車は二段階の方法で右折しなければならない。

問27 交通事故を起こしたときは、まず車を止めて事故の続発を防ぐための措置をし、負傷者を救護しなければならない。

問28 踏切では、その手前で一時停止し、列車が来ないことを確かめ、踏切の向こう側の交通状況に関係なく、急いで踏切内に入る。

問29 正面の信号が黄色の点滅を表示しているときは、車は必ず一時停止しなければならない。

問30 右図のB車は、前後や左前方の見通しがよく安全を確かめれば、追い越しを始めてもよい。

問31 夜間は、周囲が暗く速度感覚がつかみにくいので、速度超過になりやすい。

問32 すべての薬が運転に不向きとはいえないが、眠気を誘う薬を服用した場合は、車を運転しないほうがよい。

問33 道路の損壊や道路工事、その他の障害のため左側部分を通行できないときは、最小限、右側部分にはみ出して通行してもよい。

問34 右の標示板がある交差点では、自動車は左折できるが、原動機付自転車は左折することができない。

トンネルに入るときやトンネルから出るときは、**速度を落とす**ことが大切です。

  歩行者との間に**安全な間隔**がとれれば、必ずしも**徐行**する必要はありません。

  通行区分が指定されているときは、**通行区分に従って通**行しなければなりません。

 図は「原動機付自転車の右折方法（小回り）」を表し、あらかじめ道路の**中央**に寄り、右折しなければなりません。

 まず事故の**続発を防止**し、**負傷者を救護**してから警察官へ報告します。

 踏切内で**動きがとれなくなる**おそれがあるときは、踏切に**入ってはいけません**。

 黄色の点滅信号では、車は**他の交通に注意して**進行することができます。

 優先道路を通行している場合（交差点まで**中央線**）は、交差点付近でも**追い越し**をすることができます。

 夜間は、**速度超過**になりやすいので注意して運転します。

 眠気を催すような薬を服用した場合は、車の運転を控えます。

 道路工事などでやむを得ないときは、右側部分に**最小限はみ出して**通行することができます。

  「**左折可**」の標示板のある道路では、原動機付自転車も**左折**できます。

踏切の通過方法

一時停止

踏切の直前（停止線があるときはその直前）で**一時停止**し、自分の**目**と**耳**で左右の安全を確認する。

余地を確認

発進する前に、踏切の向こう側に**自車が入れる余地**があるか確認する。

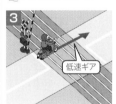

低速ギア

踏切内での**エンスト防止**のため、発進したときの**低速ギアのまま変速**しないで、一気に通過する。

やや中央寄り

左側に**落輪**しないように、対向車などに注意して、踏切の**やや中央寄り**を通行する。

問 35 ☐ ☐ 左側部分が6メートル未満の道路であっても、中央線が黄色の実線のところでは、その線から右側部分にはみ出して追い越しをしてはならない。

問 36 ☐ ☐ 交差点で交通整理を行っている警察官の背中に対面した自動車は、直進してはならないが、右折や左折をすることができる。

問 37 ☐ ☐ 雨の日は、視界が悪く路面が滑りやすいので、晴れの日よりも速度を落とし、車間距離を多めにとって運転することが大切である。

問 38 ☐ ☐ 右の標識は、「車両通行止め」を表している。

問 39 ☐ ☐ 運転者が放置行為をすると、その車の使用者もその責任を問われことがある。

問 40 ☐ ☐ 舗装道路では、雨の降り始めのほうが、降り出してからしばらくたってからよりもスリップしやすい。

問 41 ☐ ☐ 右の標識は「一方通行」を表し、車は矢印の示す方向の反対方向へは通行することができない。

問 42 ☐ ☐ 中央線がある片側1車線の道路を、「車両通行帯がある道路」という。

問 43 ☐ ☐ 路線バス等優先通行帯は、路線バス等だけしか通行することができない。

問 44 ☐ ☐ 右の灯火信号がある交差点では、車や路面電車は、停止位置を越えて進んではならない。

問 45 ☐ ☐ 原動機付自転車は車体が小さいので、坂の頂上付近であっても駐車や停車をしてもよい。

問 46 ☐ ☐ 時速40キロメートルの速度制限がある道路でも、原動機付自転車は時速30キロメートルを超える速度で運転してはならない。

黄色の実線のところでは、追い越しのため道路の右側部分に**はみ出して追い越し**をしてはいけません。

 設問の場合は**赤信号**と同じなので、**直進**や**右左折**をしてはいけません。

 雨の日は晴れの日よりも速度を落とし、車間距離を**多め**にとります。

 車（車両）は、「**車両通行止め**」の標識がある道路を通行できません。

 放置行為（違法に駐車すること）は、運転者だけでなく、**車の使用者**も責任を問われることがあります。

 雨の降り始めは、道路の表面に土ぼこりが浮き上がるので**滑りやすく**なります。

 図は「**一方通行**」を表し、車は矢印の示す**反対方向**には通行できません。

 片側に2車線以上の通行帯がある道路を、「**車両通行帯がある道路**」といいます。

 路線バス等の通行を妨げなければ、**その他の車**も通行できます。

 赤色の灯火信号では、車や路面電車は、**停止位置を越えて**進んではいけません。

 坂の頂上付近は**駐停車禁止場所**に指定されており、**原動機付自転車**も止められません。

 原動機付自転車の最高速度は、時速**30**キロメートルです。

車両通行帯がある道路での通行方法

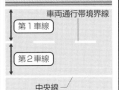

「車両通行帯がある道路」とは、車両通行帯（「車線」「レーン」）が片側に2つ以上ある道路をいう。

●2車線の道路では

自動車や原動機付自転車は、**右折する**場合などを除き、**左**側の通行帯を通行する。

●3車線以上の道路では

原動機付自転車や小型特殊自動車は、原則として**最も左**側の通行帯を通行する。自動車（小型特殊自動車を除く）は、**右折する**場合などを除き、**最も右**側以外の通行帯を速度に応じて通行する。

問47 時速 30 キロメートルで進行しています。どのようなことに注意して運転しますか？

(1) 歩行者がバスに乗ろうとして進路の直前を横断するかもしれないので、速度を落とし、その動きに注意しながら進行する。

(2) 歩行者は自車に気づいていないと思われるので、警音器を鳴らして進行する。

(3) バスのかげから対向車が出てくるかもしれないので、バスの手前で止まれるように速度を落として進行する。

問48 時速 10 キロメートルで進行しています。どのようなことに注意して運転しますか？

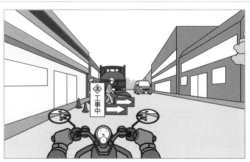

(1) 対向車が来ているので、工事の場所の手前で一時停止し、対向車が通過してから発進する。

(2) 工事している場所から急に人が飛び出してくるかもしれないので、注意しながら走行する。

(3) 急に止まると、後続車に追突されるかもしれないので、ブレーキを数回に分けてかけ、停止の合図をする。

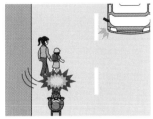

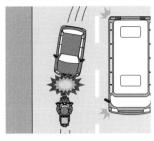

左側の歩行者は、バスに乗ろうとして急に車道に飛び出してくるかもしれない！

バスのかげから対向車が出てきて、自車と衝突するかもしれない！

(1) ⭕ 左側の歩行者の動きに注意して、速度を落とします。

(2) ❌ 警音器は鳴らさずに、速度を落として進行します。

(3) ⭕ バスのかげから対向車が出てきて衝突するおそれがあるので、速度を落として進行します。

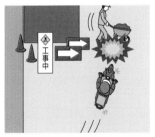

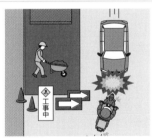

工事中の人は、自車の接近に気づかず車道に出てくるかもしれない！

無理に進路変更して避けると、対向車と衝突するかもしれない！

(1) ⭕ 一時停止して、対向車を先に通過させます。

(2) ⭕ 工事中の人の行動に注意して進行します。

(3) ⭕ 後続車からの追突に注意して停止します。

175

次の 48 問について、正しいものには「○」、誤っているものには「×」と答えなさい。配点は、問 1〜46 が各 1 点、問 47・48 が各 2 点（3 問すべて正解の場合）。➡正解・解説は P.181

問1

原動機付自転車は車体が小さいので、歩道に駐車してもかまわない。

問2

原動機付自転車を運転するときは、手首を下げ、ハンドルを前に押すような気持ちでグリップを握るとよい。

問3

歩行者のそばを通るときは、歩行者との間に安全な間隔をあければ徐行しなくてもよい。

問4

右の標識があるところでは、自動車や原動機付自転車は進入できないが、自転車は進入することができる。

問5

交通事故を起こしたときは、示談にすれば警察官に届けなくてもよい。

問6

交差点の中まで中央線や車両通行帯がある道路を、「優先道路」という。

問7

車両通行帯がある道路では、つねにあいている車両通行帯に移りながら通行することが、交通の円滑と危険防止になる。

問8

一方通行の道路では、道路の中央から右側部分に入って通行することができる。

問9

右の標識があるところでは、車を止めるとき、道路の端と直角に駐車してはならない。

直角駐車

問10

正面の信号が黄色の点滅を表示しているときは、車は必ず一時停止しなければならない。

問11 踏切の前方が混雑しているため、踏切内で停止するおそれがあったが、警報機が鳴っていないのでそのまま進入した。

問12 免許の区分を大きく分類すると、第一種免許、第二種免許、原付免許の3つになる。

問13 右の標識は、トンネルの出口や山あいの間に設けられる「横風注意」である。

黄

問14 追い越しを始めるときは、前方の安全確認をすれば、右側や右斜め後方の安全まで確かめる必要はない。

問15 前車が原動機付自転車を追い越そうとしているときは、追い越しをしてはならない。

問16 夜間は、まわりが見えにくいので、できるだけ前車に接近し、有効視界を確保するようにしたほうが運転しやすく安全である。

問17 右の標示は、「横断歩道または自転車横断帯あり」を表している。

問18 踏切の手前30メートル以内は追い越し禁止場所だが、踏切の向こう側では追い越しをしてもよい。

問19 二輪車を降りて押して歩く場合は、エンジンをかけたままであっても、歩道や横断歩道を通行することができる。

問20 他の交通の妨害となるときは、法令で禁止されていない場所であっても、横断や転回をしてはならない。

問21 右の標識があるところでは、路肩が崩れやすいので注意する必要がある。

黄

問22 運転者が危険を感じてから、車が完全に停止するまでに走る距離を制動距離という。

問23

路側帯の幅が 0.75 メートル以下の道路では、路側帯に入らずに、車道の左端に駐車する。

問24

警察官が腕を水平に上げているとき、その身体の正面に対面する交通は、赤色の灯火信号と同じ意味である。

問25

信号に従って右左折する場合でも、徐行しなければならない。

問26

右の補助標識は、本標識が示す交通規制の「終わり」を表している。

問27

自動車損害賠償責任保険証明書または責任共済証明書は、原動機付自転車を運転するときには備えつけていなければならない。

問28

ブレーキをかけたときのタイヤのスリップの跡は、空走距離には関係がない。

問29

交差点の手前に「止まれ」の標識があったが、停止線はなかったので、交差点の直前に停止して安全確認した。

問30

右の標示があるところに車を止め、5分以内で荷物の積みおろしを行った。

黄

問31

二輪車の曲がり方は、ハンドルを切るのではなく、車体を傾けることによって自然にハンドルが切れる要領で行う。

問32

車が他の車を追い越すとき、前車の左側に十分な間隔があれば、左側から追い越してもよい。

問33

右の標示は、路面電車の停留所であることを表している。

軌道

問34

霧のときは、危険を防止するため、必要に応じて警音器を使うようにする。

黄

問35
学校や幼稚園の近くを通行するときは、必ず徐行しなければならない。

問36
雨の日は視界が悪いので、対向車との正面衝突を避けるため、できるだけ路肩に寄って通行したほうがよい。

問37
運転者は、自分の利便だけを考えるのではなく、沿道で生活している人々に対して、不愉快な騒音などの迷惑をかけないようにしなければならない。

問38
右の点滅信号がある交差点では、歩行者は他の交通に注意しながら進行することができる。

黄

問39
道路の端から発進する場合は、後方から車が来ないことを確かめれば、とくに合図をする必要はない。

問40
左側部分の道幅が6メートル未満の見通しのよい道路で追い越しをするときは、中央線から右側にはみ出すことができる。

問41
総排気量90ccの二輪車は、原付免許で運転することができる。

問42
交差点や交差点付近以外のところで緊急自動車が近づいてきたときは、徐行して進路を譲らなければならない。

問43
右の標識があるところでは、普通自転車以外の車は通行することができない。

問44
走行中、近くの物が見えにくくなるのは、時速30キロメートルで走行するときよりも、時速60キロメートルで走行するときのほうである。

問45
曲がり角やカーブでハンドルを切った場合、速度が3倍になると遠心力は9倍になる。

問46
駐車車両が多いところでは、車の間から歩行者が出てくることを予測し、ときどき警音器を鳴らしながら通過するとよい。

時速30キロメートルで進行
しています。どのようなこと
に注意して運転しますか？

(1) ☐ ☐ 自転車は、路地から出てくる車を避けるため、道路の中央に進路を変
更するかもしれないので、交差点を過ぎるまで自転車のあとについて
進行する。

(2) ☐ ☐ 路地から出てくる車は止まって待っていると思うので、右に寄って自
転車との間隔をあけ、早めに交差点を通過する。

(3) ☐ ☐ 自転車と路地から出てくる車は、進行の妨げになるおそれがあるの
で、警音器を鳴らして、このままの速度で進行する。

左折のため、時速20キロメー
トルまで減速しました。どの
ようなことに注意して運
転しますか？

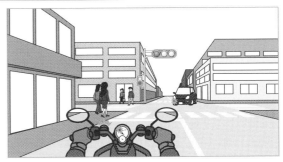

(1) ☐ ☐ 左側の横断歩道では、歩行者が交差点の両側から横断しているので、
その妨げにならないように横断歩道の中央付近を左折する。

(2) ☐ ☐ 横断歩道を歩行者が横断しているので、安心して横断させるため、ゆっ
くりと横断歩道に近づき、その手前で止まり、歩行者が横断するのを
待つ。

(3) ☐ ☐ 対向車は、自車が左折する前に右折を始めるかもしれないので、加速
して横断している人の間を早めに左折する。

正解

答1 ✕	答2 ○	答3 ○	答4 ✕	答5 ✕	答6 ○	答7 ✕	答8 ○	答9 ✕	答10 ✕
答11 ✕	答12 ✕	答13 ✕	答14 ✕	答15 ✕	答16 ✕	答17 ○	答18 ○	答19 ✕	答20 ○
答21 ✕	答22 ✕	答23 ○	答24 ○	答25 ○	答26 ✕	答27 ○	答28 ○	答29 ○	答30 ○
答31 ○	答32 ✕	答33 ✕	答34 ○	答35 ✕	答36 ✕	答37 ○	答38 ○	答39 ✕	答40 ○
答41 ✕	答42 ✕	答43 ○	答44 ○	答45 ○	答46 ✕	答47 (1)○ (2)✕ (3)✕	答48 (1)✕ (2)○ (3)✕		

ポイント解説(文章問題の正解が✕の問題だけ解説)

答1 原動機付自転車でも、**歩道に駐車**してはいけません。

答4 車両（自転車を含む）は、「**車両進入禁止**」の標識がある方向からは進入できません。

答5 交通事故を起こしたときは、**警察官に届け**なければなりません。

答7 みだりに進路変更しながら運転するのは**危険**です。

答9 設問の標識は「**直角駐車**」を表し、道路の端と**直角に駐車**しなければなりません。

答10 必ずしも**一時停止**の必要はなく、車は他の交通に注意して進行することができます。

答11 **踏切内で停止する**おそれがある場合は、踏切に進入してはいけません。

答12 運転免許は、大きく**第一種**免許、**第二種**免許、**仮免許**の3つに区分されます。

答13 設問の標識は、路面状況などにより、**滑りやすい道路**であることを表しています。

答14 ミラーと目視で、**右側**や**右斜め後方**の安全を確かめなければなりません。

答15 前車が**原動機付自転車**を追い越そうとしているときは、追い越しが禁止されていません。「二重追い越し」になるのは、前車が**自動車**を追い越そうとしているときです。

答16 前車に接近して走行するのは**危険**なので、車間距離を**多め**にとります。

答19 二輪車の**エンジンを切って**押して歩かなければ**歩行者**とはならないため、歩道などは通行できません。

答21 図は「**落石のおそれあり**」の標識です。

答22 制動距離は、**ブレーキが効き始めて**から車が停止するまでの距離で、設問は**停止距離**になります。

答26 設問の補助標識は、本標識が示す交通規制の**始まり**を表しています。

答30 「**駐停車禁止**」の標示がある場所では、5分以内の荷物の積みおろしの**停車**もできません。

答32 車を追い越すときは、原則として追い越す車の**右側**を通行します。

答33 図は「**安全地帯**」の標示で、**路面電車の停留所**は別の標示があります。

答35 必ずしも**徐行**する必要はなく、子どもの飛び出しなどに**注意**して通行します。

答36 雨の日の路肩はゆるんで**崩れる**おそれがあるので、**避けて**通行します。

答39 右へ進路を変える場合と同じように**右合図**が必要です。

答41 総排気量90ccの二輪車を運転するには、**普通二輪**または**大型二輪**免許が必要です。

答42 必ずしも**徐行**する必要はなく、**左側**に寄って進路を譲ります。

答46 **警音器**は鳴らさずに、速度を落として**慎重**に運転します。

次の48問について、正しいものには「○」、誤っているものには「×」と答えなさい。配点は、問1〜46が各1点、問47・48が各2点（3問すべて正解の場合）。➡正解・解説はP.187

問1
危険を認めてブレーキをかけ、ブレーキが効き始めるまでには約1秒ぐらいの反応時間があるので、それを考えた運転をしなければならない。

問2
道路の中央寄りを通行中、後方から緊急自動車が接近してきたが、交差点付近ではないので、そのまま進行した。

問3
右の標識があるところでは、動物が飛び出すおそれがあるので、十分注意して運転する。

黄

問4
二輪車の乗車姿勢は、前かがみになるほど風圧が少なくなるので運転しやすくなる。

問5
車が他の車を追い越そうとするときは、対向車との正面衝突を避けるため、追い越す車との側方間隔をできるだけ狭くする。

問6
歩行者がいる安全地帯のそばを通るときは徐行しなければならないが、歩行者がいない場合は徐行しなくてもよい。

問7
右の標示がある交差点で車が右折するときは、交差点の中心の外側を徐行しなければならない（二段階右折の原動機付自転車と軽車両を除く）。

問8
エンジンなどから水やオイルなどが漏れるのは、たとえその量が少しでも異常である。

問9
正面の信号が黄色の灯火のときは、車は他の交通に注意しながら進むことができる。

問10
経路がわからないまま出発すると、道路を探すのに気をとられ、運転に必要な情報を見落としたりして事故の原因になるので、避けるべきである。

合格点	制限時間
45点以上	**30**分

ジャンル別問題

本試験テスト 一問一答

本試験テスト 本試験型

第2回

問11 右の路側帯は、軽車両の通行はできるが、車が中に入って駐停車することは禁止されている。

路側帯　車道

問12 交差点を直進しようとする二輪車は、対向する右折四輪車が距離や速度を間違って判断しているかもしれないので、注意しなければならない。

問13 一方通行の道路で緊急自動車が近づいてきたので、左側に寄って進路を譲ろうとしたが、かえってその進行を妨げることになるので、右側に寄って進路を譲った。

問14 右の標識は、方面と方向の予告を表す指示標識である。

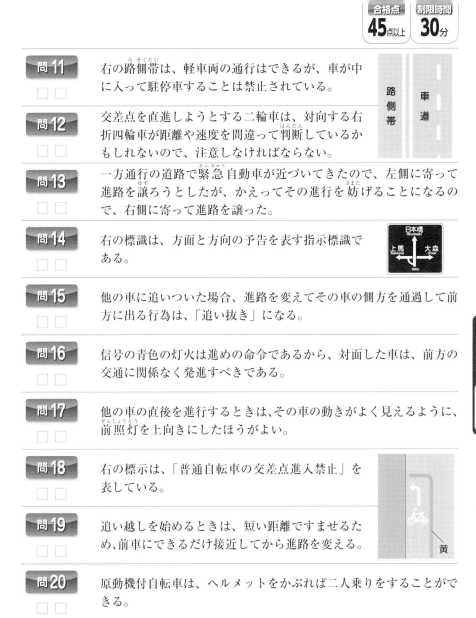

日本橋
Nihonbashi
上馬 Kamiuma　大森 Omori
300m

問15 他の車に追いついた場合、進路を変えてその車の側方を通過して前方に出る行為は、「追い抜き」になる。

問16 信号の青色の灯火は進めの命令であるから、対面した車は、前方の交通に関係なく発進すべきである。

問17 他の車の直後を進行するときは、その車の動きがよく見えるように、前照灯を上向きにしたほうがよい。

問18 右の標示は、「普通自転車の交差点進入禁止」を表している。

問19 追い越しを始めるときは、短い距離ですませるため、前車にできるだけ接近してから進路を変える。

黄

問20 原動機付自転車は、ヘルメットをかぶれば二人乗りをすることができる。

問21 右の標示がある車両通行帯では、路線バス等以外の車は通行してはならない。

バス優先

問22 前車が自動車を追い越そうとしているとき、その車を追い越す行為は、二重追い越しとして禁止されている。

問23 免許を取得していても、免許証を携行しないで原動機付自転車を運転すると無免許運転になる。

問24 歩行者や自転車が横断歩道や自転車横断帯を横断しているときは、その手前で徐行しなければならない。

問25 車両通行帯がある道路では、やむを得ない場合を除き、2つの車両通行帯にまたがって通行してはならない。

問26 右の標識があるところでは、普通自動車だけが軌道敷内を通行することができる。

問27 交通事故を起こしても、相手のけがが軽く相手と話し合いがつけば、警察官に届ける必要はない。

問28 駐車場の出入口から3メートル以内の場所は、駐停車が禁止されている。

問29 同じ道幅のとくに優先指定のない交差点で左方から車が来たが、自車が先に交差点に入っていたので、優先して進行した。

問30 右のマークを付けている車は、聴覚に障害がある人が運転しているので、周囲の車は十分注意して運転する。

問31 夜間は、視線をできるだけ先のほうへ向け、少しでも早く前方の障害物を発見するようにするとよい。

問32 交差点に「左折可」の標示板があるときは、前方の信号が赤色や黄色であっても、原動機付自転車は、他の交通に優先して左折することができる。

問33 信号が赤から青に変わっても、渡りきれない歩行者や信号を無視して進入してくる車もあるので、十分に安全を確かめてから発進しなければならない。

問34 右の標識は「環状の交差点における右回り通行」を表し、環状の交差点であり車は右回りに通行しなければならない。

問35 左側部分の幅が6メートル以上の道路では、他の車を追い越す場合であっても、右側部分にはみ出してはならない。

問36 山道での行き違いは、上りの車が下りの車に道を譲るようにする。

問37 霧のときは、前照灯を早めにつけ、中央線やガードレールや前車の尾灯を目安に、速度を落として走行する。

問38 右の標識は、「駐車禁止区間の始まり」を表している。

問39 運転中に携帯電話を操作すると、注意が集中するので、危険を見落とすことはない。

問40 タイヤにウェアインジケーター（摩擦限度表示）が現れても、雨の日以外はスリップの心配はない。

問41 右の標識は、「進行方向別通行区分」を表している。

問42 右折や左折の合図は、右折や左折をしようとする約3秒前に行う。

問43 走行中の注視点は、速度が速いほど遠くなり、近くが見えなくなる。

問44 右の信号がある交差点では、自動車は直進、左折、右折することができるが、二段階の方法で右折する原動機付自転車は右折できない。

青

問45 路面が雨に濡れ、タイヤがすり減っている場合の停止距離は、乾燥した路面でタイヤの状態がよい場合に比べて2倍程度に延びることがある。

問46 交通状況や路面の状態に関係なく、車は道路の中央から右側部分にはみ出してはならない。

185

時速30キロメートルで進行
しています。交差点を直進す
るときは、どのようなことに
注意して運転しますか？

(1) ☐ ☐ 大型車が通過したあと、対向車が先に右折するかもしれないので、いつでも止まれるように速度を落として進行する。

(2) ☐ ☐ 対向車は、自車の接近に気づかずに右折するかもしれないので、大型車との車間距離をつめる。

(3) ☐ ☐ 対向車は、自車に進路を譲ると思われるので、加速して進行する。

時速30キロメートルで進行
しています。どのようなこと
に注意して運転しますか？

(1) ☐ ☐ 自転車は自車の接近に気づかず、道路を横断するかもしれないので、速度を落としてその動きに注意する。

(2) ☐ ☐ 自転車が犬に引っ張られてふらつくかもしれないので、速度を落としてその動きに注意する。

(3) ☐ ☐ 自転車が犬に引っ張られてふらつくかもしれないので、警音器を鳴らして注意を促す。

正 解

答1 ○	答2 ✕	答3 ○	答4 ✕	答5 ✕	答6 ○	答7 ✕	答8 ○	答9 ✕	答10 ○
答11 ✕	答12 ○	答13 ○	答14 ✕	答15 ✕	答16 ✕	答17 ✕	答18 ○	答19 ✕	答20 ✕
答21 ✕	答22 ○	答23 ✕	答24 ✕	答25 ○	答26 ✕	答27 ✕	答28 ✕	答29 ✕	答30 ○
答31 ○	答32 ✕	答33 ○	答34 ○	答35 ○	答36 ✕	答37 ○	答38 ○	答39 ✕	答40 ✕
答41 ○	答42 ✕	答43 ○	答44 ○	答45 ○	答46 ✕	答47 (1)○ (2)✕ (3)✕		答48 (1)○ (2)○ (3)✕	

ポイント解説(文章問題の正解が✕の問題だけ解説)

答2 道路の**左**側に寄って、緊急自動車に進路を譲らなければなりません。

答4 前かがみになりすぎると、**視野が狭くなって**危険です。

答5 追い越す車と接触しないような、**安全な側方間隔**が必要です。

答7 図は「**右折の方法**」を表す標示で、矢印に沿って中心の**内側を徐行**します。

答9 安全に停止できないとき以外は、車は**停止位置**から先へ進んではいけません。

答11 図の「**歩行者用路側帯**」は、軽車両の通行と中に入っての駐停車が禁止です。

答14 図は「**方面と方向の予告**」を表しますが、指示標識ではなく、**案内**標識です。

答15 進路を変えて前車の前方に出る行為は、「**追い越し**」になります。

答16 混雑して**他の交通を妨げる**おそれがあるときは、発進してはいけません。

答17 他の車の直後を進行するときは、前照灯を**下向き**に切り替えて運転します。

答19 追い越しを始めるときは、前車に**接近しすぎ**ないように、ゆるやかに進路を変えないと危険です。

答20 たとえヘルメットをかぶっても、原動機付自転車で**二人乗り**はできません。

答21 図は「**路線バス等優先通行帯**」を表しますが、車は原則として**通行**できます。

答23 「**免許証不携帯**」という違反になりますが、**無免許運転**ではありません。

答24 歩行者や自転車が横断しているときは、横断歩道や自転車横断帯の手前で**一時停止**しなければなりません。

答26 **普通自動車**だけに限らず、自動車は**すべて軌道敷内**を通行できます。

答27 けがの度合いや示談にかかわらず、必ず警察官に**届け出**なければなりません。

答28 設問の場所は、**駐車**は禁止されていますが、**停車**は禁止されていません。

答29 設問の場合は、交差点に先に入っても、**左方車の進行を妨げ**てはいけません。

答32 「**左折可**」の標示板があっても、**他の交通に優先して左折**できるわけではありません。

答36 発進が容易な**下り**の車が、**上り**の車に進路を譲るようにします。

答39 運転中に携帯電話を操作すると、**注意力**が散漫になり危険です。

答40 雨の日以外でも**スリップ**するおそれがあるので、タイヤを**交換**します。

答42 約3秒前ではなく、右折や左折しようとする**30**メートル手前で合図を行います。

答46 **一方通行路**や、**左**側部分が通行できないなど、状況や路面の状態に応じて、右側部分には**み出して**通行できます。

次の48問について、正しいものには「○」、誤っているものには「×」と答えなさい。配点は、問1〜46が各1点、問47・48が各2点（3問すべて正解の場合）。➡正解・解説は P.193

問1　原動機付自転車や小型特殊自動車は、徐行をすれば歩行者用道路を通行してもよい。

問2　原動機付自転車が転倒すると大けがにつながるので、長そで、長ズボンなど、体の露出が少ない服装で運転する。

問3　歩行者や他の車などの正常な交通を妨げるおそれがある場合は、横断や転回をしてはならない。

問4　右の標識があるところでは、歩行者、車、路面電車のすべてが通行することができない。

問5　交通事故を起こすと、本人だけでなく家族にも経済的損失と精神的苦痛など、大きな負担がかかることになる。

問6　交通整理の行われていない交差点で、狭い道路から広い道路へ入ろうとするときは、徐行しなければならない。

問7　一方通行の道路で緊急自動車が接近してきたときは、必ず道路の左側に寄って進路を譲らなければならない。

問8　右の標識があっても、荷物の積みおろしで運転者がすぐに運転できるときは、車の右側の道路上に6メートルの余地がなくても駐車できる。

駐車余地6m

問9　対向車と正面衝突しそうになったときは、警音器を鳴らすとともに、最後まであきらめないで、ブレーキとハンドルでかわすようにする。

問10　正面の信号が「赤色の灯火」と「黄色の灯火の矢印」を示しているとき、自動車は黄色の矢印の方向に進んでもよい。

問11 左側部分の幅が6メートル以上の広い道路で、追い越し禁止の標識がない場合は、右側部分にはみ出して追い越してよい。

問12 連続して運転すると疲れが出るので、少なくても2時間に1回は休息すべきである。

問13 右の標識は、矢印の方向以外には進んではならないことを表している。

問14 追い越し禁止の場所であっても、原動機付自転車であれば追い越しをしてもよい。

問15 夜間は、昼間に比べて視界がきわめて悪く、歩行者や自転車などが見えにくく発見が遅れるので、同じ道路でも昼間より速度を落として運転しなければならない。

問16 運転中は、みだりに進路を変えてはならない。

問17 右の標示は、「普通自転車歩道通行可」であることを表している。

歩道

問18 同一方向に2つの車両通行帯があるとき、車は原則として左側の通行帯を通行する。

問19 夜間、二輪車を運転するときは、反射性の衣服または反射材の付いた乗車用ヘルメットを着用したほうがよい。

問20 他の車に追い越されるときは、加速さえしなければ、追い越しに十分な余地がなくても、とくに進路を譲る必要はない。

問21 右の標識は、原動機付自転車が二段階の方法で右折しなければならないことを表している。

問22 追い越しをするときは、まず右側に寄りながら右側の方向指示器を出し、次に後方の安全を確かめるのがよい。

189

問23 路面に面した場所に出入りするため歩道や路側帯を横断するときは、歩行者の有無に関係なく徐行しなければならない。

問24 原動機付自転車の法定速度は、時速30キロメートルである。

問25 右の標識があるところでは、車は道路の中央から右側部分にはみ出しての追い越しをしてはならない。

問26 自動車損害賠償責任保険証明書または責任共済証明書は重要な書類なので、原動機付自転車を運転するときは、自宅に大切に保管しておく。

問27 歩行者用道路は、許可を受けた車も通行することができるが、歩行者に対してはとくに注意して徐行しなければならない。

問28 道路の片側に障害物がある場合に、その場所で対向車と行き違うときは、障害物のある反対側の車があらかじめ一時停止や減速をして、進路を譲るようにする。

問29 信号機の黄色の灯火の矢印は、路面電車専用であるから、自動車や原動機付自転車は矢印の方向に進んではならない。

問30 右の標示がある通行帯は、原則として路線バス等以外の自動車も通行することができる。

問31 二輪車の乗車姿勢は、両ひざを開き、足先が外側を向くようにしたほうがよい。

問32 タイヤの点検では、空気圧、亀裂や損傷、釘や石などの異物の有無、異常な磨耗、溝の深さについて点検する。

問33 車が連続して進行している場合、前車が交差点や踏切などで停止したり徐行しているときは、その側方を通過して車と車の間に割り込んだり、その前を横切ってはならない。

問34 霧のときは、霧灯や前照灯を早めにつけ、中央線やガードレール、前車の尾灯を目安に速度を落として走行し、必要に応じて警音器を使うようにする。

問 35 右の標識は、「二輪車以外の車両通行止め」を意味する。

問 36 危険を避けるためやむを得ないときであれば、学校や病院の近くであっても警音器を鳴らしてもよい。

問 37 雨降りや夜間など視界が悪いときは、前車がよく見えるように、晴れた日や昼間より前車に接近して運転したほうがよい。

問 38 速度が2倍になれば、制動距離や曲がるときに外へ飛び出そうとする力も2倍になる。

問 39 右の信号がある交差点では、自動車や原動機付自転車は、矢印の方向に進むことができる。

青

問 40 交差点を通行中、緊急自動車が接近してきたので、交差点を避け、徐行して進路を譲った。

問 41 交差点に青色で進入し、すでに左折している原動機付自転車は、左折方向の信号が赤色でも、そのまま進むことができる。

問 42 前車が進路を変えるため方向指示器などで合図をしているときは、後方の車はどんな場合であっても、その進路の変更を妨げてはならない。

問 43 原動機付自転車に荷物を積むときは、荷台から後方に0.3メートルまではみ出すことができる。

問 44 右図のような交通整理の行われていない道幅が同じ交差点では、A車は、B車の通行を妨げてはならない。

問 45 車両通行帯がある道路で追い越しをするときは、通行している車両通行帯の直近の右側の車両通行帯を通行しなければならない。

問 46 駐車とは、車が継続的に停止することや、運転者が車から離れていてすぐに運転できない状態で停止することをいう。

問47

時速30キロメートルで進行
しています。どのようなこと
に注意して運転しますか？

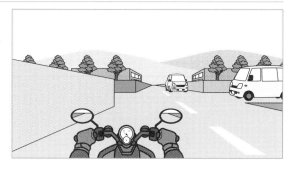

(1) ☐☐　右の車が交差点に進入してくるかもしれないので、速度を落とし、注
　　　意して進行する。

(2) ☐☐　対向車が先に右折するかもしれないので、その動きに注意して進行す
　　　る。

(3) ☐☐　左側のかげから歩行者や車が出てくるかもしれないので、注意して進
　　　行する。

問48

雨の日に、時速20キロメー
トルで進行しています。どの
ようなことに注意して運転し
ますか？

(1) ☐☐　路面に水がたまり、歩行者がこれを避けて自車の前に出てくるかもし
　　　れないので、速度を落とし、歩行者の動きに注意して進行する。

(2) ☐☐　歩行者は、自車の接近に気づいていると思うので、そのままの速度で
　　　進行する。

(3) ☐☐　路面に水がたまり、歩行者に雨水をはねて迷惑をかけるかもしれない
　　　ので、速度を落として進行する。

正解

答1 ✕	答2 ◯	答3 ◯	答4 ◯	答5 ◯	答6 ◯	答7 ✕	答8 ◯	答9 ◯	答10 ✕
答11 ✕	答12 ◯	答13 ◯	答14 ✕	答15 ◯	答16 ◯	答17 ◯	答18 ◯	答19 ◯	答20 ✕
答21 ◯	答22 ✕	答23 ✕	答24 ◯	答25 ◯	答26 ✕	答27 ◯	答28 ✕	答29 ◯	答30 ◯
答31 ✕	答32 ◯	答33 ◯	答34 ◯	答35 ◯	答36 ◯	答37 ✕	答38 ✕	答39 ✕	答40 ✕
答41 ◯	答42 ✕	答43 ◯	答44 ✕	答45 ◯	答46 ◯	答47 (1)◯ (2)◯ (3)◯		答48 (1)◯ (2)✕ (3)◯	

ポイント解説(文章問題の正解が✕の問題だけ解説)

答1 たとえ徐行をしても、とくに通行が認められた車以外は、歩行者用道路を**通行**できません。

答7 一方通行路では、左側に寄ると**かえって緊急自動車の進行の妨げ**となるときは、**右**側に寄って進路を譲ります。

答10 黄色の矢印信号は**路面電車用**の信号なので、**自動車**は進めません。

答11 6メートル以上の広い道路では、**はみ出して**追い越しをしてはいけません。

答14 原動機付自転車であっても、追い越し禁止の場所では**追い越しては**いけません。

答20 できるだけ**左**側に寄り、追い越す車に進路を譲ります。

答22 まず**安全を確かめて**から合図を出し、もう一度**安全確認**してから進路変更します。

答23 歩行者の有無に関係なく、歩道や路側帯の直前で**一時停止**しなければなりません。

答26 運転中は、**強制保険(自賠責保険または責任共済)**の証明書を車に備えつけておかなければなりません。

答28 **反対側**の車ではなく、**障害物のある側**の車が一時停止や減速をして進路を譲ります。

答31 二輪車を運転するときは、両ひざで**タンク**を締め(**ニーグリップ**)、足先は**まっすぐ前方**に向けます。

答35 図の標識は、「**二輪の自動車、原動機付自転車通行止め**」を意味します。

答37 車間距離は**多め**にとり、前車の**制動灯**などに注意して運転します。

答38 制動距離や遠心力は**速度の2乗に比例**するので、速度が2倍になれば、制動距離や遠心力は**4**倍になります。

答39 **二段階の方法**で右折する原動機付自転車は、右向きの青色矢印信号では進めません。

答40 交差点内では、**交差点**から出て、道路の**左**側に寄って**一時停止**して、緊急自動車に進路を譲らなければなりません。

答42 **急ブレーキ**や**急ハンドル**になるときは、そのまま進行します。

答44 図のような交差点では、**左**方から来る車が優先するので、**B**車は**A**車の通行を妨げてはいけません。

本試験
—対策—

本試験テスト
本試験型
第**4**回

次の48問について、正しいものには「○」、誤って
いるものには「×」と答えなさい。配点は、問1〜
46が各1点、問47・48が各2点（3問すべて正
解の場合）。➡正解・解説はP.199

問1　危険防止のためであっても、駐停車禁止の場所に車を止めてはならない。

問2　道路外に出るための右折や左折の合図をする時期は、その行為をしようとする地点の30メートル手前に達したときである。

問3　右の標識があるところでは、歩行者は道路を横断してはいけない。

問4　二輪車は、路面を中心とした前方の近いところに視線が向けられ、四輪車に比べて左右方向や遠くの情報のとり方が少ない傾向がある。

問5　横断歩道や自転車横断帯とその手前から30メートル以内の場所は、追い越しが禁止されている。

問6　歩道や路側帯がない道路では、道路の左端に沿って駐停車しなければならない。

問7　右の標示は、車の通行は認められているが、この中で停止するおそれがあるときは、この中に入ってはいけない。

問8　青信号の交差点に入ろうとしたときに、警察官が「止まれ」の指示をしたので、交差点の直前で停止した。

問9　霧の日は早めにライトをつけたほうがよいが、上向きのほうが見通しはよくなる。

問10　原動機付自転車に荷物を積む場合は、積載装置から後方に0.3メートルまではみ出してもよい。

問11
☐ ☐

図の標示があるところであっても、右左折するための進路変更は禁止されていない。

黄 ／ 中央線

問12
☐ ☐

交差点内を通行中、緊急自動車が接近してきたので、その場で停止して緊急自動車が通過するのを待った。

問13
☐ ☐

他車に進路を譲ってもらった場合は、警音器を鳴らしてあいさつをするようにする。

問14
☐ ☐

右の標識は、路線バスの停留所を表している。

停

問15
☐ ☐

信号待ちをしていて、信号が赤から青に変わったときは、信号を無視して強引に通過しようとする車や残存歩行者があったりするので、十分安全を確かめてから発進しなければならない。

問16
☐ ☐

対向車と正面衝突のおそれが生じたときは、少しでもハンドルとブレーキでかわすようにしなければならないが、もし道路外が危険な場所でなければ、道路外に出ることもためらってはいけない。

問17
☐ ☐

一方通行路では、車は道路の右側部分にはみ出して通行することができる。

問18
☐ ☐

右の標示は、「立入り禁止部分」を表している。

黄

問19
☐ ☐

追い越し禁止の場所であっても、自転車などの軽車両を追い越すことは禁止されていない。

黄

問20
☐ ☐

原動機付自転車は手軽な乗り物なので、四輪車と違って、あまり運転技術を必要としない。

問21
☐ ☐

ドライブをするときは、細かい計画を立てずに、その場の状況に応じて運転したほうが、時間のむだをなくすことができる。

問22
☐ ☐

右の標識があるところでは転回をしてはならないが、右折を伴う右への横断はすることができる。

問23
前車が他の自動車を追い越そうとしていたが、右側の車線がすいていたので、そこを通って追い越しをした。

問24
通行に支障がある高齢者が歩いているときは、一時停止か徐行をして、安全に通行できるようにする。

問25
右図は、60歳以上の運転者が、普通自動車を運転するときに表示するマークである。

オレンジ　黄緑
黄　緑

問26
歩行者用道路では、通行を認められた車だけが通行できるが、この場合、運転者はとくに歩行者に注意して徐行しなければならない。

問27
車両通行帯がない道路で、他の車から追い越されないように中央寄りの部分を通行した。

問28
右の標識があるところにパーキングメーターが設置されているときは、60分以内であればパーキングメーターを作動させなくてよい。

問29
交通事故を見かけたら、負傷者の救護にあたり、事故車を移動させるなど積極的に協力する。

問30
同一方向に2つの車両通行帯がある道路では、速度の遅い原動機付自転車は左側の通行帯を、速度の速い原動機付自転車は右側の通行帯を通行する。

問31
信号機の信号に従って停止する場合の停止位置は、停止線があるところではその直前、停止線がない場所では横断歩道や自転車横断帯の1メートル手前で停止する。

問32
右図のような手による合図は、徐行か停止することを表している。

問33
夜間は、昼間より速度を落とし、できるだけ遠くを見て、前方の障害物に十分注意して運転する。

問34
車の右側に3.5メートルの余地がない道路に、荷物の積みおろしで運転者がすぐ運転できる状態で、10分間駐車した。

問35 見通しがよく踏切警手のいる踏切では、安全が確認できれば徐行して通過することができる。

問36 右の標識は、「矢印方向への一方通行」を意味する。

問37 横断や転回が禁止されている一般道路では、後退もすることができない。

問38 速度が速くなるほど、遠くの物を見るようになるため、近くから飛び出す歩行者や自転車を見落としやすくなり危険である。

問39 左側部分の幅が6メートル未満の道路では、黄色の中央線があっても、右側部分にはみ出して追い越してよい。

問40 右の標識は、自動車と原動機付自転車が通行できないことを表している。

問41 路面やタイヤの状態は、摩擦力に大きく関係し、停止距離に大きく影響する。

問42 交通整理を行っている警察官が両腕を横に水平に上げているとき、その背に対面した車は、直進はできないが、右左折はしてよい。

問43 交差点の手前で対面する信号が黄色の灯火に変わったとき、車は原則として停止位置から先に進んではならない。

問44 右の点滅信号がある交差点では、車は他の交通に注意しながら進行してもよい。

黄

問45 原動機付自転車を運転して集団で走行する場合は、ジグザグ運転や巻き込み運転などで他の車に迷惑をかけてはならない。

問46 交通整理の行われていない道幅が同じような交差点では、左方の車は右方の車に進路を譲らなければならない。

夜間、時速30キロメートルで進行しています。どのようなことに注意して運転しますか？

(1) □ □ 対向車が中央線を越えてくるかもしれないので、あらかじめ左側に寄り、速度を落として進行する。

(2) □ □ 対向車の前照灯（ぜんしょうとう）でまぶしくなるかもしれないので、視点をやや左前方に移して速度を落として進行する。

(3) □ □ ガードレールに接触（せっしょく）するといけないので、中央線を目安に道路の中央寄りを進行する。

時速30キロメートルで進行しています。後続車があり、前方にタクシーが走行しているときは、どのようなことに注意して運転しますか？

(1) □ □ 人が手を上げているためタクシーは急に止まると思われるので、その側方を加速して通過する。

(2) □ □ 急に減速すると後続車に追突（ついとつ）されるおそれがあるので、そのままの速度で走行する。

(3) □ □ タクシーは左の合図を出しておらず、停止するとは思われないので、そのままの速度で進行する。

本試験
― 対策 ―

本試験テスト
**正解と
ポイント解説** 第**④**回

答え合わせは、一覧表でチェック！
答えが○の設問は問題文が解説に

正 解

答1 ✕	答2 ○	答3 ✕	答4 ○	答5 ○	答6 ○	答7 ○	答8 ○	答9 ✕	答10 ○
答11 ✕	答12 ✕	答13 ✕	答14 ✕	答15 ○	答16 ○	答17 ○	答18 ○	答19 ○	答20 ✕
答21 ✕	答22 ○	答23 ✕	答24 ○	答25 ✕	答26 ○	答27 ✕	答28 ✕	答29 ○	答30 ✕
答31 ✕	答32 ○	答33 ○	答34 ○	答35 ✕	答36 ○	答37 ✕	答38 ○	答39 ✕	答40 ○
答41 ○	答42 ✕	答43 ✕	答44 ○	答45 ○	答46 ✕	答47 (1)○ (2)○ (3)✕		答48 (1)✕ (2)✕ (3)✕	

ポイント解説(文章問題の正解が✕の問題だけ解説)

答1 危険防止のためであれば、駐停車禁止場所でも止めることができます。

答3 図は「歩行者通行止め」の標識で、横断禁止ではなく、歩行者の通行が禁止されています。

答9 ライトを上向きにすると、かえって光が乱反射して見えづらくなるので、下向きに切り替えて通行します。

答11 設問の標示は「進路変更禁止」を表し、たとえ右左折のためであっても進路変更できません。

答12 その場ではなく、交差点から出て道路の左側に寄って一時停止します。

答13 警音器をあいさつ代わりに使用してはいけません。

答14 図は「停車可」の標識で、車はここで停車することができることを意味します。

答20 停止すると安定性が失われるので、四輪車と違った運転技術が必要です。

答21 あらかじめ走行コースや休憩場所など、ゆとりのある計画を立てます。

答23 前車が自動車を追い越そうとしているときは二重追い越しになるので、前車を追い越してはいけません。

答25 図は、70歳以上の運転者が普通自動車を運転するときに表示する「高齢者マーク」です。

答27 中央寄りではなく、左側に寄って通行しなければなりません。

答28 パーキングメーターがあるときは、それを作動させて、60分以内の駐車が可能です。

答30 車両通行帯が2つある道路では、速度に関係なく、原動機付自転車は原則として左側の通行帯を通行します。

答31 停止線がない場所でも、横断歩道や自転車横断帯の直前で停止します。

答35 踏切警手がいても、一時停止して安全を確認しなければなりません。

答36 図の標識は、「指定方向外進行禁止（右左折禁止）」を意味します。

答37 横断や転回が禁止されているところでも、後退はとくに禁止されていません。

答39 黄色の中央線では、右側部分にはみ出して追い越してはいけません。

答42 警察官の身体の背に対面する交通は赤色の信号と同じ意味なので、直進や右左折はできません。

答46 右方の車は、左方の車に進路を譲らなければなりません。

本試験 ─対策─

本試験テスト 本試験型 第⑤回

次の 48 問について、正しいものには「○」、誤っているものには「×」と答えなさい。配点は、問 1〜46 が各 1 点、問 47・48 が各 2 点（3 問すべて正解の場合）。➡正解・解説は P.205

問 1
原動機付自転車を追い越している普通自動車を追い越す行為は、二重追い越しにはならない。

問 2
歩行者用道路は、歩行者のほか、沿道に車庫をもつなどでとくに通行を認められた車だけが通行することができる。

問 3
右の標識は「自転車専用」を表し、歩行者は通行することができない。

問 4
事故で頭部に傷を受けている場合は、救急車が来る前に病院へ連れて行ったほうがよい。

問 5
こう配の急な上り坂は、追い越し禁止場所である。

問 6
原動機付自転車を運転中、一方通行路以外の交差点で右折しようとするときは、交差点の中心のすぐ外側を徐行する。

問 7
右の標識がある通行帯では、指定されている以外の車は通行することができない。

問 8
前方の交差点で警察官が信号機の信号と異なる手信号をしていたが、前方の信号の表示が青色であれば、他の交通に注意して進行することができる。

問 9
坂の頂上付近であっても、十分に輪止めをすれば停車や駐車をしてもよい。

問 10
右図は、聴覚障害者であることを免許の条件に記載されている人が、準中型自動車または普通自動車を運転するときに表示するマークである。

問11 車両通行帯がない道路では、原動機付自転車は道路の中央寄りの部分を通行しなければならない。

問12 夜間は視野（しや）が狭（せま）くなるので、できるだけ手前を見つめるとよい。

問13 原動機付自転車を運転するときは、ブレーキをかけたときに身体が前のめりにならないように、正しい乗車姿勢（しせい）を保つようにする。

問14 右の標識は、何か危険のあることを表している。

黄

問15 追い越し禁止場所では、車は自動車や原動機付自転車を追い越してはならないが、軽車両（けいしゃりょう）であれば追い越してもよい。

問16 前車が道路に面した場所に出入りするため、道路の左端に寄ろうと合図をしているときは、その進路変更を妨（さまた）げてはならない。

問17 横断歩道、自転車横断帯とその端から前後５メートル以内の場所は、駐車禁止であるが、人の乗り降りのための停止であればしてもよい。

問18 右の標示は、交差する前方の道路が優先道路であることを表している。

問19 同一方向に３つ以上の車両通行帯があるとき、原動機付自転車は交通量の少ない車両通行帯を選んで通行する。

問20 交差点の信号機の信号は、横の信号が赤色であっても、前方の信号が青色であるとは限らない。

問21 原動機付自転車に荷物を積むときは、荷台から左右にそれぞれ15センチメートルまではみ出して積むことができる。

問22 右の標識は、原動機付自転車が交差点で右折するとき、自動車と同じ方法で右折しなければならないことを表している。

問23 自動車や原動機付自転車を運転するときは、運転免許証を携行し、眼鏡等使用などの記載されている条件を守らなければならない。

問24 他人に迷惑をかけるような大きな騒音を発する急発進や急加速、から吹かしをしてはならない。

問25 原動機付自転車に荷物を積んだとき、方向指示器が見えなくても、手による合図が他の車から見て確認できれば運転してよい。

問26 右の標識がある場所は、原動機付自転車や軽車両も通行することができない。

問27 環状交差点に入ろうとするときや環状交差点内を通行するときは、環状交差点内を通行する車や環状交差点に入ろうとする車に注意を払っているので、歩行者などには気を配る必要はない。

問28 路面電車に乗り降りする人がいるときは、安全地帯の有無に関係なく、乗降客や道路を横断する人がいなくなるまで停止していなければならない。

問29 進路の前方に障害物があるときは、一時停止か減速をして、反対方向の車に進路を譲らなければならない。

問30 右の標識があるところの手前（こちら側）であれば、午前8時から午後8時の間であっても駐車することができる。

問31 任意保険に加入すると、安心して運転し事故を起こしやすいので、任意保険にはできるだけ加入しないほうがよい。

問32 前方の信号機が黄色の灯火の点滅を表示しているときは、車は徐行して進行しなければならない。

問33 右の標示のような幅の広い路側帯があるところでは、車はその中に入り、0.75メートル以上の余地をあけて駐停車することができる。

問34 二輪車はその特性上、速度が下がるほど安定性が悪くなるので、雪道などでの運転はなるべく避けたほうがよい。

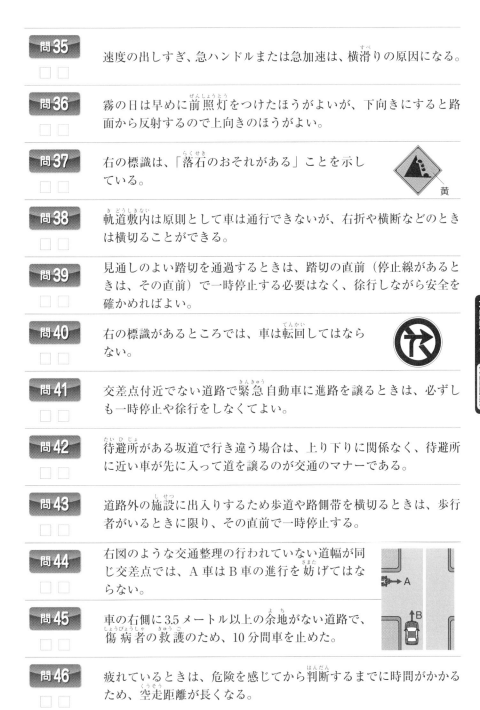

問35

速度の出しすぎ、急ハンドルまたは急加速は、横滑りの原因になる。

問36

霧の日は早めに前照灯をつけたほうがよいが、下向きにすると路面から反射するので上向きのほうがよい。

問37

右の標識は、「落石のおそれがある」ことを示している。

黄

問38

軌道敷内は原則として車は通行できないが、右折や横断などのときは横切ることができる。

問39

見通しのよい踏切を通過するときは、踏切の直前（停止線があるときは、その直前）で一時停止する必要はなく、徐行しながら安全を確かめればよい。

問40

右の標識があるところでは、車は転回してはならない。

問41

交差点付近でない道路で緊急自動車に進路を譲るときは、必ずしも一時停止や徐行をしなくてよい。

問42

待避所がある坂道で行き違う場合は、上り下りに関係なく、待避所に近い車が先に入って道を譲るのが交通のマナーである。

問43

道路外の施設に出入りするため歩道や路側帯を横切るときは、歩行者がいるときに限り、その直前で一時停止する。

問44

右図のような交通整理の行われていない道幅が同じ交差点では、A車はB車の進行を妨げてはならない。

問45

車の右側に3.5メートル以上の余地がない道路で、傷病者の救護のため、10分間車を止めた。

問46

疲れているときは、危険を感じてから判断するまでに時間がかかるため、空走距離が長くなる。

時速10キロメートルで進行
しています。交差点を直進す
るときは、どのようなことに
注意して運転しますか？

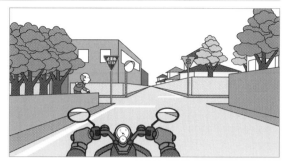

(1) □ □ 交差点の右方向は、左側にあるミラーを見て確認できるので、停止線
の直前で止まったあとは、ミラーだけを注視しながらすばやく通過
する。

(2) □ □ 左側のブロック塀の間に歩行者が見えており、交差点の見通しも悪い
ので、一時停止して安全確認をする。

(3) □ □ 左側のブロック塀の間に見える歩行者は、自車を待つと思われるので、
そのままの速度で通行する。

時速30キロメートルで進行
しています。どのようなこと
に注意して運転しますか？

(1) □ □ トンネル内の暗さに目が慣れるまでは危険なので、あらかじめ速度を
落としてトンネルに入る。

(2) □ □ まぶしさに目がくらんだ対向車がセンターラインを越えてくるかもし
れないので、速度を落として左寄りを走行する。

(3) □ □ トンネル内の暗さに目が慣れるまでは危険なので、前車の尾灯を目安
にしながら、車間距離をつめて走行する。

本試験 — 対策 —

本試験テスト
正解と
ポイント解説　第❺回

答え合わせは、一覧表でチェック！
答えが○の設問は問題文が解説に

正　解

答1 ○	答2 ○	答3 ○	答4 ✕	答5 ✕	答6 ✕	答7 ✕	答8 ✕	答9 ✕	答10 ○
答11 ✕	答12 ✕	答13 ○	答14 ○	答15 ○	答16 ○	答17 ✕	答18 ○	答19 ✕	答20 ○
答21 ○	答22 ○	答23 ○	答24 ○	答25 ✕	答26 ✕	答27 ✕	答28 ✕	答29 ○	答30 ○
答31 ✕	答32 ✕	答33 ○	答34 ○	答35 ✕	答36 ✕	答37 ○	答38 ○	答39 ✕	答40 ✕
答41 ○	答42 ○	答43 ✕	答44 ○	答45 ○	答46 ○	答47 (1)✕ (2)○ (3)✕		答48 (1)○ (2)○ (3)✕	

ポイント解説（文章問題の正解が✕の問題だけ解説）

答4 頭部を打った場合は、**むやみに動かしては**いけません。

答5 こう配の急な**下り坂と坂の頂上付近**は追い越し禁止ですが、こう配の急な**上り坂**は追い越し禁止場所ではありません。

答6 交差点で右折するときは、交差点の**すぐ内側**を徐行します。

答7 「**路線バス等優先通行帯**」は、路線バス等以外の自動車や、軽車両、原動機付自転車も**通行**できます。

答8 信号機と異なる手信号をしている場合は、**警察官の手信号**に従います。

答9 坂の頂上付近は見通しが悪いため、**駐停車**をしてはいけません。

答11 原動機付自転車は、原則として道路の**左**側に寄って通行しなければなりません。

答12 夜間は、視線をできるだけ**先のほう**へ向けるようにします。

答17 設問の場所は**駐車**も**停車**も禁止されているので、人の乗り降りのための**停車**であってもしてはいけません。

答19 原動機付自転車は、原則として**最も左側**の通行帯を通行しなければなりません。

答25 方向指示器などが見えなくなるような**荷物の積み方**をしてはいけません。

答27 **歩行者**などにも気を配りながら、できる限り**安全な速度と方法**で進行します。

答28 乗り降りする人がいても**安全地帯**があれば、徐行して通行できます。

答31 万一に備えて、任意保険にも**加入**しておきます。

答32 黄色の点滅信号では、車は必ずしも**徐行**する必要はなく、**他の交通に注意**しながら進行することができます。

答36 上向きにすると、かえって光が乱反射して**見づらくなる**ので、**下向き**につけます。

答39 **見通し**に関係なく、踏切の直前で**一時停止**しなければなりません。

答40 「**車両横断禁止**」の標識がある場所での転回は、とくに**禁止**されていません。

答43 歩道や路側帯を横切るときは、歩行者の有無に関係なく、**一時停止**して歩行者の通行を妨げてはなりません。

本試験
—対策—

本試験テスト
本試験型
第6回

次の 48 問について、正しいものには「○」、誤っているものには「×」と答えなさい。配点は、問 1 〜 46 が各 1 点、問 47・48 が各 2 点（3 問すべて正解の場合）。➡正解・解説は P.211

問1 急カーブや曲がり角では、スピードを出して進行すると危険であるから、法定速度で通行する。

問2 明るいところから急に暗いところに入ると、しばらく何も見えずに、やがて少しずつ見えるようになるが、これを「明順応」という。

問3 警察官の右図のような手信号で、身体の正面に対面する方向の交通は、青色の灯火と同じである。

問4 二輪車はバランスをとることが大切なので、足先を外側に向け、両ひざはできるだけ開いて運転するとよい。

問5 車の交通が多い商店街でパンクしたので、ハンドルをしっかり握り、急ブレーキをかけた。

問6 水たまりのある道路で、泥や水をはねて歩行者に迷惑をかけるおそれがあるときは、徐行するなどして注意して通行しなければならない。

問7 右の標識があるところでは、駐車車両の右側に平行に駐車することができる。

平行駐車

問8 前方の信号が青色の灯火のときは、どんな交差点であっても、自動車、原動機付自転車はともに、直進、左折、右折することができる。

問9 原動機付自転車の積み荷の幅は、荷台の左右にそれぞれ 0.15 メートルまではみ出してよい。

問10 追い抜きとは、進路を変え、進行中の前車の側方を通り、その前方に出ることをいう。

206

問11 道路上に右の標識があるときは、矢印のように通行しなければならない。

問12 交差点付近で緊急自動車が接近してきたが、青信号だったので、そのまま進行した。

問13 速度を半分に落とすと、車にかかる遠心力は2分の1になる。

問14 対面する信号機が黄色の点滅を表示しているとき、車は他の交通に注意しながら進行してよい。

問15 右の標識は、近くに学校があることを表している。

問16 車の内輪差とは、カーブを通行するとき、後輪が前輪の内側を通ることによる前後輪の軌跡の差のことをいう。

問17 進路の前方に障害物があるときは、反対方向から来る車より先にその場所を通過するように速度を上げる。

問18 前車を追い越すため、または進路変更するために加速する必要があるときは、定められた速度を超えて運転することができる。

問19 右の標識があるところは歩行者専用道路なので、どんな場合であっても車の通行が禁止されている。

問20 原動機付自転車を運転中、四輪車から見える位置にいれば、四輪車から見落とされることはない。

問21 同一方向に3つ以上の車両通行帯がある場合、原動機付自転車は右折や道路工事などの場合を除き、最も左側の通行帯を通行する。

問22 右のマークは、免許を受けて1年未満の人が、準中型自動車または普通自動車を運転するときに表示するものである。

黄　緑

問23 歩道と車道の区別のない道路を歩行者が通行していたが、道幅も狭く安全な間隔を保てなかったので、歩行者に注意しながら徐行して通行した。

問24 車両通行帯がない道路では、自動車や原動機付自転車は、道路の中央から左側部分の左側に寄って通行する。

問25 右の標識がある道路では、追い越しが禁止されている。

問26 車を運転中に大地震が発生したときは、道路に車を放置して避難すると他の交通の妨げになるので、車を運転したまま道路外の安全な場所に避難するのがよい。

問27 停車とは、駐車に当たらない車の短時間の停止をいう。

問28 免許を持たない人や酒気を帯びた人に、自動車や原動機付自転車の運転を頼んではいけない。

問29 右の手による合図は、後退することを表している。

問30 許可を受けて歩行者専用道路を通行する車は、歩行者がいるときだけ徐行すればよい。

問31 道路工事区域の端から5メートル以内では、駐車は禁止されているが、停車は禁止されていない。

問32 「キープレフトの原則」とは、車両通行帯がない道路で、自動車と原動機付自転車は、道路の左側部分の左に寄って通行することである。

問33 右図のようなカーブの曲がり方は正しい。

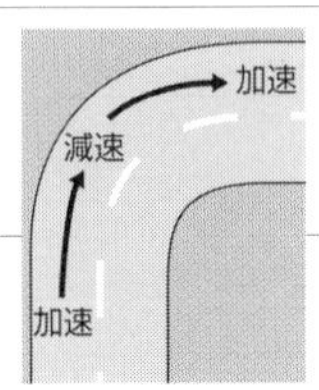

加速
減速
加速

問34 昼間であっても、50メートル先が見えないときは、ライトをつけなければならない。

208

問35 ハンドルやブレーキが故障している車は、注意しながら徐行して運転しなければならない。

問36 歩行者と軽車両は、右の路側帯を通行することができる。

問37 車両通行帯がない道路では、原動機付自転車は原則として道路の左側に寄って通行しなければならない。

路側帯　車道

問38 子どもが1人で道路を歩いているときや、高齢のため通行に支障のある人が歩いているときは、安全に通行できるようにとくに注意し、一時停止か徐行しなければならない。

問39 見通しの悪い左カーブでは、センターライン寄りを走行したほうがカーブの先を早く確認できるので安全である。

問40 右の標識は、30分間停車してもよいことを表している。

問41 横断歩道に近づいたとき、歩行者が手を上げて左側から渡ろうとして立ち止まっていたので、速度を落として横断歩道の直前で停止した。

問42 交差点を通行中、対面する信号が青色から黄色になったときは、必ずその場に停止しなければならない。

問43 右左折などの合図は、その行為が終わるまで続けなければならないが、その行為が終わったあとは、すみやかに合図をやめなければならない。

問44 右の補助標識は、本標識に取り付けられていて、本標識が示す交通規制の始まりを表している。

問45 後ろの車が自車を追い越そうとしているときは、前車を追い越してはならない。

問46 運転者が疲れているときは、ブレーキをかけるまでの空走距離が、正常なときと比べて長くなる。

時速 20 キロメートルで進行
しています。交差点を直進す
るときは、どのようなことに
注意して運転しますか？

(1) ☐☐　自車の進路はあいていて、とくに危険はないと思うので、このままの
　　　　　速度で進行する。

(2) ☐☐　トラックが急に左折して巻き込まれるかもしれないので、このまま進
　　　　　行しないで、トラックの後ろを追従する。

(3) ☐☐　トラックのかげから対向車が右折してくるかもしれないので、このま
　　　　　ま進行しないで、トラックが交差点を通過するのを待つ。

時速 30 キロメートルで進行
しています。どのようなこと
に注意して運転しますか？

(1) ☐☐　対向車がないので、センターラインを越えて追い越しを始める。

(2) ☐☐　前のタクシーは急に発進するかもしれないので、速度を落として進行
　　　　　する。

(3) ☐☐　後続車は追い越しをしようとしているので、速度を落として進行する。

正解

答1 ✕	答2 ✕	答3 ✕	答4 ✕	答5 ✕	答6 ○	答7 ✕	答8 ✕	答9 ○	答10 ✕
答11 ✕	答12 ✕	答13 ✕	答14 ○	答15 ✕	答16 ○	答17 ✕	答18 ✕	答19 ✕	答20 ✕
答21 ○	答22 ○	答23 ○	答24 ○	答25 ✕	答26 ✕	答27 ○	答28 ○	答29 ✕	答30 ✕
答31 ○	答32 ○	答33 ✕	答34 ○	答35 ✕	答36 ○	答37 ○	答38 ○	答39 ✕	答40 ✕
答41 ○	答42 ✕	答43 ○	答44 ✕	答45 ○	答46 ○	答47 (1)✕ (2)○ (3)○		答48 (1)✕ (2)○ (3)○	

ポイント解説（文章問題の正解が×の問題だけ解説）

答1 法定速度とは限らず、その曲がり角に合った**安全**速度で通行します。

答2 設問の内容は、**明順応**ではなく「**暗順応**」です。

答3 警察官の正面に対面する方向の交通は、**赤色の灯火**信号と同じ意味を表します。

答4 足先を**前方**に向け、両ひざで**タンクを締める**ようにして運転します。

答5 急ブレーキをかけると、かえって**危険**です。ハンドルをしっかり握り、**断続ブレーキ**で速度を落とします。

答7 「**平行駐車**」の標識がある場所では、**路端に対して平行に駐車**しなければなりません。

答8 原動機付自転車は、**二段階右折**が必要な交差点では、青色信号でも**右折**できません。

答10 設問の内容は**追い越し**になり、追い抜きは進路を**変えないで**、進行中の前車の前に出ることをいいます。

答11 標識の示す**方向**（**左側**）を通行しなければなりません。

答12 青信号でも、**交差点**を避け、**左**側に寄って**一時停止**しなければなりません。

答13 速度を半分に落とすと、車にかかる**遠心力**は**4**分の**1**になります。

答15 設問の標識は、「**横断歩道**」を表しています。

答17 **障害物**のある側の車が止まるなどして、対向車に道を**譲り**ます。

答18 追い越しや進路変更のときでも、**最高速度**を超えてはいけません。

答19 設問の標識は「**歩行者専用**」を表しますが、とくに**通行を認められた**車だけは通行できます。

答20 四輪車のドライバーが**気づかなければ**、見落とされることがあります。

答25 図の標識は、「**追越しのための右側部分はみ出し通行禁止**」を表します。

答26 大地震が発生したときは、やむを得ない場合を除き、車を使用して**避難**してはいけません。

答29 図の手による合図は、**徐行**か**停止**することを表します。

答30 歩行者専用道路は、歩行者がいなくても、**徐行**して通行しなければなりません。

答33 カーブの走行は、手前で**減速**してゆっくり入り、後半から**加速**します。

答35 ハンドルやブレーキが故障している車は、**修理**しなければ運転してはいけません。

答39 対向車との**正面衝突**を避けるため、道路の**左寄り**を走行します。

答40 設問の標識は、自動車の「**最低速度**」を表しています。

答42 停止位置で安全に停止することができない場合は、**そのまま進む**ことができます。

答44 図は「**終わり**」を示す補助標識で、本標識が示す交通規制の**終わり**を表しています。

本試験
──対策──

本試験テスト
本試験型
第**7**回

次の 48 問について、正しいものには「○」、誤っているものには「×」と答えなさい。配点は、問 1 ～ 46 が各 1 点、問 47・48 が各 2 点（3 問すべて正解の場合）。➡正解・解説は P.217

問 1　後車に追い越されているときは、追い越しが終わるまで速度を上げてはならない。

問 2　歩道や路側帯がない道路で駐停車するときは、路肩（路端から 0.5 メートル以内）をあけなければならない。

問 3　右の標識があるところは、この先で道路工事をしているため通行することができない。

黄

問 4　走行中、大地震が発生したので、急ブレーキをかけてその場に停止し、すぐに車から離れた。

問 5　右左折の合図は、右左折をしようとする地点の 30 メートル手前で行わなければならない。

問 6　右の標示は、前方に横断歩道または自転車横断帯ありを示しているので、徐行しなければならない。

問 7　対向車によってできる死角は、対向車が接近するほど大きくなる。

問 8　長い下り坂を走行中にブレーキが効かなくなったときは、ギアをニュートラルにするとよい。

問 9　右の標示がある急なカーブでは、右側にはみ出して通行できるが、対向車に注意しなければならない。

問 10　子どもが数人、車の前方の道路を横断し終わったが、別の子どもが左側にいて横断を始めるかもしれないので、前もって警音器を鳴らした。

問11 対向車のライトがまぶしいときは、それを見つめずに、視点をやや左前方に移したほうがよい。

問12 車両通行帯がない道路で原動機付自転車が右折するときは、あらかじめできるだけ道路の右端に寄り、交差点の中心のすぐ内側を徐行する。

問13 右の標識がある道路を通行する車は、見通しの悪い交差点で徐行しなければならない。

問14 追い抜きとは、進路を変えずに進行中の前車の側方を通り、その前方に出ることをいう。

問15 前を走る自動車の運転者が、右腕を車の外に出し、水平に伸ばす合図をしたときは、前車は右折か転回、右への進路変更をすることを表している。

問16 ビールを飲んだが、近くに急用ができたので、原動機付自転車を運転した。

問17 右図のようなカーブを走行するとき、遠心力はBの方向に働く。

問18 横断歩道に近づいたところ、横断歩道の直前に停止している車があったが、横断しようとする人がいなかったので徐行して進行した。

問19 見通しのきかない交差点の手前では、必ず警音器を使用して、周囲に自分の車の存在を知らせなければならない。

問20 大型車の直後を進行する場合は、信号や前方の状況が見えにくいので、車両通行帯からはみ出して通行したほうがよい。

問21 右の標示は、普通自転車が図の標示を越えて交差点に進入してはならないことを表している。

問22 同一方向に車両通行帯が2つある道路では、自動車は右側の通行帯を、原動機付自転車は左側の通行帯を通行する。

黄

問23 原動機付自転車を押して歩くとき、エンジンを止めていれば、横断歩道や歩道を通行してもよい（けん引時を除く）。

問24 自転車に乗った人が自転車横断帯で道路を横断しようとしているときは、その自転車横断帯の手前で徐行しなければならない。

問25 図の標識がある一方通行路以外の交差点で原動機付自転車が右折するときは、あらかじめ道路の中央に寄り、交差点の中心の直近の内側を徐行する。

問26 原動機付自転車の積み荷は、荷台の幅や長さを超えて積んではならない。

問27 こう配の急な下り坂は追い越し禁止場所だが、こう配の急な上り坂は追い越し禁止場所ではない。

問28 横断歩道や自転車横断帯とその端から前後5メートル以内の場所では、駐車も停車もしてはならない。

問29 車を運転中、右の標示を通り過ぎたところでUターンをした。

問30 交差点以外の横断歩道や踏切のないところで、警察官が手信号による交通整理をしているときは、その手信号に従わなくてもよい。

黄

問31 道路上に駐車する場合、同じ場所に引き続き12時間以上、夜間は8時間以上駐車してはならない（特定の村の区域内の道路を除く）。

問32 進路の前方に障害物がある場合、その付近で対向車と行き違うときには、その地点を先に通過することのできる車が優先する。

問33 右の標識があるところは、二輪の自動車は通行できないが、原動機付自転車は通行することができる。

問34 大地震が起きた場合は、できるだけ安全な方法で停止して、エンジンを止める。

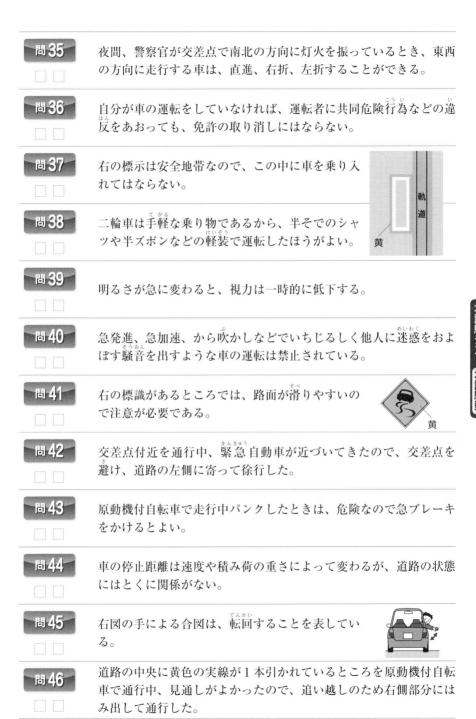

問35 夜間、警察官が交差点で南北の方向に灯火を振っているとき、東西の方向に走行する車は、直進、右折、左折することができる。

問36 自分が車の運転をしていなければ、運転者に共同危険行為などの違反をあおっても、免許の取り消しにはならない。

問37 右の標示は安全地帯なので、この中に車を乗り入れてはならない。

軌道

黄

問38 二輪車は手軽な乗り物であるから、半そでのシャツや半ズボンなどの軽装で運転したほうがよい。

問39 明るさが急に変わると、視力は一時的に低下する。

問40 急発進、急加速、から吹かしなどでいちじるしく他人に迷惑をおよぼす騒音を出すような車の運転は禁止されている。

問41 右の標識があるところでは、路面が滑りやすいので注意が必要である。

黄

問42 交差点付近を通行中、緊急自動車が近づいてきたので、交差点を避け、道路の左側に寄って徐行した。

問43 原動機付自転車で走行中パンクしたときは、危険なので急ブレーキをかけるとよい。

問44 車の停止距離は速度や積み荷の重さによって変わるが、道路の状態にはとくに関係がない。

問45 右図の手による合図は、転回することを表している。

問46 道路の中央に黄色の実線が1本引かれているところを原動機付自転車で通行中、見通しがよかったので、追い越しのため右側部分にはみ出して通行した。

215

問47

時速30キロメートルで進行
しています。どのようなこと
に注意して運転しますか？

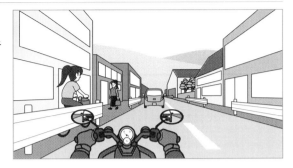

(1) ☐ ☐ 歩道にはガードレールがあり、安全に通行することができるので、そ
のままの速度で進行する。

(2) ☐ ☐ 左側の自転車は、歩行者などで歩道が通りにくいため、車道に飛び出
してくるかもしれないので、警音器を鳴らしてそのままの速度で進行
する。

(3) ☐ ☐ 左側の自転車は、歩行者などで歩道が通りにくいため、車道に飛び出
してくるかもしれないので、速度を落とし、動きをよく確かめてから
進行する。

問48

時速20キロメートルで進行
しています。対向車線の車が
渋滞のために止まっている
ときは、どのようなことに注
意して運転しますか？

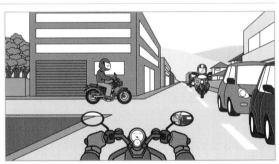

(1) ☐ ☐ 対向の二輪車は右折の合図を出しているが、自車より先に右折するこ
とはないと思われるので、そのまま進行する。

(2) ☐ ☐ 対向車の間から歩行者や自転車が出てくるかもしれないので、注意し
て進行する。

(3) ☐ ☐ 左側の二輪車は、自分の車に気づいていると思われるので、そのまま
進行する。

正解

答1 ○	答2 ✕	答3 ✕	答4 ✕	答5 ○	答6 ✕	答7 ○	答8 ✕	答9 ○	答10 ✕
答11 ○	答12 ✕	答13 ✕	答14 ○	答15 ○	答16 ✕	答17 ✕	答18 ✕	答19 ✕	答20 ✕
答21 ○	答22 ✕	答23 ○	答24 ✕	答25 ○	答26 ✕	答27 ○	答28 ✕	答29 ✕	答30 ✕
答31 ○	答32 ✕	答33 ✕	答34 ○	答35 ✕	答36 ✕	答37 ○	答38 ✕	答39 ○	答40 ○
答41 ○	答42 ✕	答43 ✕	答44 ✕	答45 ✕	答46 ✕	答47 (1)✕ (2)✕ (3)○		答48 (1)✕ (2)○ (3)✕	

ポイント解説（文章問題の正解が✕の問題だけ解説）

答2 歩道や路側帯がない道路で駐停車するときは、道路の**左**端に沿います。

答3 図は「**道路工事中**」を表しますが、**通行禁止**を意味するものではありません。

答4 **急ブレーキ**は避け、すぐ車から離れず、ラジオなどで情報を聴き、**道路外に車を移動**します。

答6 設問の標示は、交差する前方の道路が**優先道路**であることを示しています。

答8 設問のようなときは、**低速ギア**に入れて、**エンジンブレーキ**を使用します。

答10 警音器を鳴らさずに、**いつでも止まれる**速度で進行します。

答12 一方通行の道路でないときは、あらかじめ道路の**中央**に寄ります。

答13 図は「**優先道路**」を表し、優先道路を通行している場合は、見通しが悪い交差点でも**徐行**する必要はありません。

答16 原動機付自転車は、少しでも酒を飲んだら**運転**してはいけません。

答17 **外**側に飛び出そうとする力が遠心力なので、**A**の方向に働きます。

答18 **徐行**ではなく、横断歩道の直前で必ず**一時停止**しなければなりません。

答19 警音器は、**指定された場所**と**危険を防止する**場合以外は、むやみに使用してはいけません。

答20 **車間距離**をあけ、車両通行帯から**はみ出さない**ように通行します。

答22 右折や追い越しの場合を除き、車は**左**側の車両通行帯を通行します。

答24 自転車が自転車横断帯を横断しようとしているときは、その手前で**一時停止**します。

答26 左右に **0.15** メートル以内、後方に **0.3** メートル以内であれば、はみ出してもかまいません。

答30 **警察官の手信号**には、従わなければなりません。

答32 進路の前方に**障害物のある側**の車が、反対方向の車に道を譲ります。

答33 設問の標識は、「**二輪の自動車、原動機付自転車通行止め**」を表します。

答35 警察官の正面に対面する方向は**赤信号**と同じ意味を表すので、車は**進んでは**いけません。

答36 **運転**をしていなくても、免許が**取り消し**になる場合もあります。

答38 二輪車は、身体の**露出がなるべく少なくなる**ような服装で運転します。

答42 交差点やその付近では、**交差点**を避け、道路の**左**側に寄って**一時停止**しなければなりません。

答43 **急ブレーキ**を避け、**徐々に**速度を落とします。

答44 雨の日や滑りやすい路面では、停止距離が**長く**なります。

答45 図の手による合図は、**後退する**ことを表します。

答46 黄色の実線があるところでは、追い越しのため**右側部分にはみ出して**通行してはいけません。

本試験
―対策―

本試験テスト
本試験型
第**8**回

次の48問について、正しいものには「○」、誤っているものには「×」と答えなさい。配点は、問1〜46が各1点、問47・48が各2点（3問すべて正解の場合）。➡正解・解説は P.223

問 1
安全運転の大切なポイントは、自分の性格やくせを知り、それをカバーする運転をすることである。

問 2
内輪差とは、車が曲がるとき、前輪が後輪より内側を通ることによる前後輪の軌跡の差のことをいう。

問 3
見通しの悪い道路の曲がり角付近では徐行しなければならないが、見通しがよい場合は徐行しなくてもよい。

問 4
右の標示がある道路では、指定された車、小型特殊自動車、原動機付自転車、軽車両を除く車は、原則として通行してはならない。

問 5
対面する信号が右向きの青色の灯火の矢印を表示しているときは、原動機付自転車はどんな交差点でも右折することができる。

問 6
夜間、横断歩道に近づいたとき、ライトの光で歩行者が見えないときは、横断する人がいないことが明らかなので、車はそのまま進行してよい。

問 7
踏切では、列車が通過した直後でも、すぐに反対方向から列車が来ることがあるので注意しなければならない。

問 8
右の標識は、自動車や原動機付自転車の通行止めを表している。

問 9
駐車が禁止されていない道路で、左端に停止している車の右側に3.5メートル以上の余地がなかったが、運転者が車から離れずに、指示をしながら10分間荷物の積みおろしを行った。

問 10
二輪車を運転してカーブを曲がるときは、身体を傾けると転倒のおそれがあるので、身体はまっすぐに保ってハンドルを操作するのがよい。

問11　右折しようとして先に交差点に入ったときであっても、反対方向から来る直進車または左折車の進行を妨げてはならない。

問12　矢印の方向から進行してくる交通に対して、右図のような警察官の手信号と信号機の信号は同じ意味である。

問13　通行している道路が優先道路であれば、横断歩道の手前30メートル以内であっても追い越しをしてもよい。

問14　前車が右折するために道路の中央に寄って走行していたが、前車の右側があいていたのでその右側を通行した。

問15　右の標識があるところは、原動機付自転車の通行が禁止されている。

問16　トンネル内は、車両通行帯の有無に関係なく、追い越しをすることができない。

問17　同一方向に進行しながら進路を変えようとするときの合図は、進路を変えようとするときの約3秒前に行う。

問18　右の標識を付けている車は、70歳以上の人が運転していると考えてよい。

問19　歩道や路側帯がない道路で駐車するときは、車の左側に0.75メートルの余地をとる。

問20　バスの停留所の標示板（柱）から30メートル以内の場所は、追い越しが禁止されている。

問21　手による合図は、まぎらわしいので避けるべきである。

問22　右の標識がある道路を許可を受けずに通行できる車は、原動機付自転車と自転車だけである。

問23 走行中、地震に関する警戒宣言が発せられ、車を置いて避難するときは、できるだけ道路外に停止させる。

問24 ルールさえ守れば、自己中心的な運転をしてもかまわない。

問25 右図の場合、Aの通行帯の車は最小限右側にはみ出して、追い越しをすることができる。

A	B
	中央線（黄）

問26 車は、道路に面した場所に出入りするため、歩道や路側帯を横切る場合は、歩行者の通行を妨げないよう、徐行して通行する。

問27 原動機付自転車を押して歩くときは歩行者として扱われるので、エンジンをかけたまま歩道を押して歩いた。

問28 環状交差点に入るときは合図を行うが、出るときは合図を行わない。

問29 上り坂に右の標識がある場合は、上りの車でもそこに入って、下りの車の通過を待つ。

問30 進路を変更すると、後車が急ブレーキや急ハンドルで避けなければならないような場合は、進路を変更してはならない。

問31 片側3車線の交差点で信号が青色の灯火を示しているとき、原動機付自転車は普通自動車と同じ方法で右折することができない。

問32 原動機付自転車で橋の上を通行するときは、他の車両（軽車両を除く）を追い越してはならない。

問33 右の標識は、「進行方向別通行区分」を表している。

問34 指定通行区分を通行しているときに緊急自動車が近づいてきたときは、その指定通行区分が終わってから進路を譲らなければならない。

問35 車を運転する人は、運転の技術や知識はもとより、社会人としてのモラルも求められている。

問36 原動機付自転車の前照灯は弱いので、対向車と行き違うときでも上向きにする。

問37 右の標識は、前方に横断歩道または自転車横断帯があることを表している。

問38 横断歩道のすぐ手前に駐停車をしてはならないが、すぐ向こう側での駐停車は禁止されていない。

問39 四輪車から見る二輪車は、距離は実際より近く、速度は実際より速く感じやすい。

問40 右の標識は、道路の幅が6メートルあれば駐車してもよいという意味である。

問41 対向車が中央線を越えて追い越しをしてきたので、危険を避けるため、やむを得ず初心者マークを付けている普通自動車の前方へ割り込んだ。

問42 交差点内を通行中、前方の信号が黄色に変わったとき、車はその場所で停止しなければならない。

問43 交差点(優先道路の交差点を除く)とその手前30メートル以内では、自動車や原動機付自転車を追い越すために、進路を変えたり、その横を通り過ぎてはならない。

問44 原動機付自転車を運転中、右の標識があるところで右折した。

問45 対向車のライトがまぶしいときは、それを直視し、早くその光に慣れるようにしたほうがよい。

問46 坂の頂上付近やこう配の急な坂は、上りも下りも駐停車禁止場所である。

時速 30 キロメートルで進行
しています。どのようなこと
に注意して運転しますか？

(1) ☐ ☐ トラックは急に速度を落とすかもしれないので、トラックの動きに注意しながら進行する。

(2) ☐ ☐ トラックの前方の様子がよくわからないので、速度を上げてトラックを追い越す。

(3) ☐ ☐ トラックは、まもなく右に進路を変更するおそれがあるので、車間距離をあけたまま、前方に注意しながら進行する。

時速 30 キロメートルで進行
しています。対向車線の車が
渋滞のため止まっていると
きは、どのようなことに注意
して運転しますか？

(1) ☐ ☐ 対向車の間から歩行者が出てくるかもしれないので、警音器を鳴らして、このままの速度で進行する。

(2) ☐ ☐ 自転車が急に道路を横断するかもしれないので、追突されないようにブレーキを数回に分けてかけ、速度を落として進行する。

(3) ☐ ☐ 後続の二輪車が自車の右側をぬってくると危険なので、できるだけ中央線に寄り、このままの速度で進行する。

正解

答1 ○	答2 ✕	答3 ✕	答4 ○	答5 ✕	答6 ✕	答7 ○	答8 ○	答9 ○	答10 ✕
答11 ○	答12 ✕	答13 ✕	答14 ✕	答15 ✕	答16 ✕	答17 ○	答18 ○	答19 ✕	答20 ✕
答21 ✕	答22 ✕	答23 ○	答24 ✕	答25 ✕	答26 ✕	答27 ✕	答28 ○	答29 ○	答30 ○
答31 ○	答32 ✕	答33 ✕	答34 ✕	答35 ○	答36 ✕	答37 ✕	答38 ✕	答39 ✕	答40 ✕
答41 ○	答42 ✕	答43 ○	答44 ○	答45 ✕	答46 ○	答47 (1)○ (2)✕ (3)○	答48 (1)✕ (2)○ (3)✕		

ポイント解説（文章問題の正解が✕の問題だけ解説）

答2 内輪差とは、後輪が前輪より内側を通ることによる前後輪の軌跡の差をいいます。

答3 見通しがよい悪いにかかわらず、曲がり角付近では必ず徐行しなければなりません。

答5 二段階の方法で右折しなければならない場合は、右折できません。

答6 ライトで見える範囲外にも人がいるおそれがあるので、速度を落とします。

答10 二輪車は、車体を傾けることによって自然に曲がるようにします。

答12 警察官の手信号は赤色の灯火信号と同じ意味になり、左折できる矢印信号と意味は異なります。

答13 たとえ優先道路でも、横断歩道の手前30メートル以内は追い越し禁止です。

答14 前車が右折するために道路の中央に寄っているときは、その左側を通行します。

答15 図は「路線バス等優先通行帯」を表しますが、原動機付自転車は通行できます。

答16 車両通行帯があるトンネルでは、追い越しをすることができます。

答19 歩道や路側帯がない道路で駐車するときは、余地をとらずに道路の左端に沿います。

答20 設問の場所は、追い越し禁止場所には指定されていません。

答21 夕日の反射などで方向指示器が見えにくいときは、手による合図を行います。

答22 「歩行者専用」は、とくに通行が認められた車しか通行できません。

答24 自己中心的な運転は、他人に危険や迷惑をおよぼすばかりでなく、自分自身も危険です。

答25 黄色の中央線の道路では、右側にはみ出しての追い越しはできません。

答26 歩道や路側帯の直前で一時停止して、歩行者の通行を妨げないようにします。

答27 歩道を押して歩くときは、エンジンを止めなければなりません。

答28 環状交差点の合図は、出るときに行います。

答32 橋の上は、追い越し禁止の場所としてとくに指定されていません。

答33 設問の標識は、進行方向別通行区分ではなく、「一方通行」を表します。

答34 指定通行区分に従う必要はなく、緊急自動車に進路を譲ります。

答36 対向車と行き違うときは、二輪車でもライトを下向きに切り替えます。

答37 図は「横断歩道・自転車横断帯」の標識で、横断歩道と自転車横断帯があることを表します。

答38 横断歩道と、その端から前後5メートル以内は駐停車禁止です。

答39 距離は実際より遠く、速度は実際より遅く感じやすくなります。

答40 車の右側に6メートル以上の余地がとれなければ、駐車できないことを表しています。

答42 交差点内を通行中のときは、そのまま進んで交差点を出ます。

答45 対向車のライトを直視するのは危険ですから、視点を左前方に向けます。

本書に関する正誤等の最新情報は、下記のアドレスで確認することができます。
http://www.seibidoshuppan.co.jp/info/menkyo-1200g2205

上記 URL に記載されていない箇所で正誤についてお気づきの場合は、書名・発行日・質問事項・ページ数・氏名・郵便番号・住所・FAX 番号を明記の上、**郵送**または **FAX** で **成美堂出版** までお問い合わせください。
※**電話でのお問い合わせはお受けできません。**
※本書の正誤に関するご質問以外にはお答えできません。また受験指導などは行っておりません。
※ご質問の到着確認後、10 日前後で回答を普通郵便または FAX で発送いたします。

●**著者**

長 信一（ちょう しんいち）
1962 年、東京都生まれ。1983 年、都内の自動車教習所に入所。1986 年、運転免許証の全種類を完全取得。指導員として多数の合格者を送り出すかたわら、所長代理を努める。現在、「自動車運転免許研究所」の所長として、書籍や雑誌の執筆を中心に活躍中。『最短合格！ 原付免許テキスト＆問題集』『フリガナつき！ 原付免許ラクラク合格問題集』『1 回で合格！ 原付免許完全攻略問題集』『絶対合格！ 原付免許出題パターン攻略問題集』『完全合格！ 普通免許 2000 問実戦問題集』（いずれも弊社刊）など、著書は200 冊を超える。

●本文イラスト　　風間 康志
●編集協力　　　　knowm（間瀬 直道）
● DTP　　　　　HOPBOX
●企画・編集　　　成美堂出版編集部（原田 洋介・芳賀 篤史）

赤シート対応 完全合格! 原付免許1200問実戦問題集
2022年 6 月10日発行

著 者　長 信一（ちょう しんいち）

発行者　深見公子

発行所　**成美堂出版**
　　　　〒162-8445　東京都新宿区新小川町 1 - 7
　　　　電話(03)5206-8151　FAX(03)5206-8159

印 刷　大盛印刷株式会社

©Cho Shinichi 2022　PRINTED IN JAPAN
ISBN978-4-415-33127-0
落丁・乱丁などの不良本はお取り替えします
定価はカバーに表示してあります